《生活在1807—1808年的大英科学名家们》（*Distinguished Men of Science of Great Britain Living in the Years 1807-8*），这是艺术家约翰·吉尔伯特爵士于1862年创作的一次想象中的集会。

英国皇家学会

现代科学的起点
THE ROYAL SOCIETY
BY ADRIAN TINNISWOOD

［英］阿德里安·泰尼斯伍德▸著
王兢▸译

北京燕山出版社
BEIJING YANSHAN PRESS

里程碑
文库
THE
LANDMARK
LIBRARY

**人类文明的高光时刻
跨越时空的探索之旅**

英国皇家学会：
现代科学的起点

[英] 阿德里安·泰尼斯伍德 著
王兢 译

图书在版编目 (CIP) 数据

英国皇家学会 : 现代科学的起点 / (英) 阿德里安
· 泰尼斯伍德著 ; 王兢译. -- 北京 : 北京燕山出版社,
2020.5 (2024.3重印)
（里程碑文库）
ISBN 978-7-5402-5613-5

Ⅰ . ①英... Ⅱ . ①阿... ②王... Ⅲ . ①学术机构—介
绍—英国 Ⅳ . ① G325.619

中国版本图书馆 CIP 数据核字 (2020) 第 016952 号

The Royal Society

by Adrian Tinniswood

First published in the UK in 2019 by Head of Zeus Ltd
Copyright © Adrian Tinniswood 2019

Simplified Chinese edition © 2020 by United Sky (Beijing)
New Media Co., Ltd.

北京市版权局著作权合同登记号 图字:01-2019-7100 号

选题策划	联合天际	特约编辑	李天宇
版权统筹	李晓苏	版权运营	郝佳
编辑统筹	李鹏程 边建强	营销统筹	绳珺 邹德怀 钟建雄
视觉统筹	艾藤	美术编辑	程阁 刘彭新

责任编辑	刘占凤 赵琼
出 版	北京燕山出版社有限公司
社 址	北京市丰台区东铁匠营苇子坑 138 号嘉城商务中心 C 座
邮 编	100079
电话传真	86-10-65240430（总编室）
发 行	未读（天津）文化传媒有限公司
印 刷	北京雅图新世纪印刷科技有限公司
开 本	889 毫米 ×1194 毫米　1/32
字 数	150 千字
印 张	7.5 印张
版 次	2020 年 5 月第 1 版
印 次	2024 年 3 月第 3 次印刷
书 号	ISBN 978-7-5402-5613-5
定 价	68.00 元

关注未读好书

客服咨询

献给露西，诚挚感谢

目 录

NVLLIVS IN VERBA

* * * * * *

引子

肉眼观察

想象一个太阳绕着地球转的宇宙。事实上你根本用不着想象，你要做的一切就是相信自己的眼见为实。是不是一望而知？每天早晨太阳都自东边升起，在空中运行，之后从西边落下。你能看到全过程。"日出"这个说法清楚地表明，正是太阳在动。

如果有个人对你说，其实是地球在宇宙空间中运行、地球也绕着自己的轴线自转的话，你恐怕得反问他道理何在：我们为什么能直直地站起来？如果我们在太阳系里高速飞奔的话，为什么没有永久性的剧烈风暴？我们为何没被抛掷到宇宙空间中？

不过，太阳绕着地球转这件事，并不是人人认同的常识。天主教和新教的神学家在这个问题上均有清楚的表态，而且罕见地协调一致。天主教会告诉我们："太阳在宇宙中心静止不动这个观点愚蠢极了。它不仅在哲学上大错特错，而且也是彻头彻尾的异端邪说。"此外值得一提的是，"日心说"也违逆了《圣经》：约书亚与亚摩利人作战时，祈求上帝施以援手，"于是日头停留，月亮止住，直等国民向敌人报仇"。马丁·路德对那些认定地球绕着太阳转，"而非天空、太阳和月亮绕着地球转"的蠢人大加讥嘲，"这就好比有人坐在大马车或是船上，却认为自己是坐着休息不动，而大地和树木在移动似的"。约翰·加尔文则认为，如果有人真的认为"太阳不动，地球旋转移动"的话，那么这人就是精神错乱、魔鬼上身。[1]

如果你转而关注其他权威说法，也就是古人著作的话，你会得到相同的信息。亚里士多德和托勒密在这些事上终归比我们懂得多一点，然而他们对宇宙的理解还是彻头彻尾的"地心说"：地球是一个固定不动的球体，太阳、月球、行星和恒星都绕着它旋转，分处一系列同一球心的各天球球面之上。如果你另作他想，岂不是显得很愚蠢吗？

这就是伦敦皇家学会诞生时的世界。如果那个世界的绝大多数人动念思考宇宙学的话，他们还是会认可亚里士多德和托勒密的宇宙图景。诚然，有一些更先进的思想者意识到传统观点正在遭遇挑战。他们知晓尼古拉·哥白尼这样的理论家——这位波兰天文学家的《天体运行论》（*De revolutionibus orbium coelestium*，1543）是最初建立日心说世界观的著作之一（按照阿基米德的说法，准确来讲，第一本日心说著作出自公元前3世纪古希腊天文学家、来自萨摩斯的阿利斯塔克之手，书中阿利斯塔克提出地球绕着太阳转动的观点。可惜此书已经散佚无存）。这批先进思想者还对德国天文学家约翰尼斯·开普勒素有所了解，他的学说认为，行星以椭圆形的轨道绕着太阳旋转。不过他们也知道第谷·布拉赫，他试图调和托勒密和哥白尼的宇宙论。布拉赫提出，五大行星——水星、金星、火星、木星和土星——确实绕着太阳旋转，同时太阳本身也绕着地球转。他们也对乔尔丹诺·布鲁诺有所耳闻，这位意大利自然哲学家因为坚称无限世界论和捍卫哥白尼学说，于1600年2月被绑在火刑柱上活活烧死。

时值1633年，绝大多数皇家学会的创始成员还只是孩童（有几个甚至还没出生）。伽利略·伽利雷在这一年被押到宗教裁判所受审，被迫放弃他的地球转动学说，并在软禁中度过了余生。

在医学领域，古希腊医生盖伦和希波克拉底的体液病理学依旧时兴于17世纪。医务人员相信，身体的健康有赖于四种体液的某种平衡。据说这四种体液存于人体之内，并在静脉中彼此混合：血液与肝脏相关；黏液与大脑和肺有关；黑胆汁（也称忧郁汁）由脾脏秘密储存；黄胆汁（也称愤怒汁）则由胆囊保管。这套学说认为，体液的明显失衡乃是绝大多数疾病的成因，甚至能决定人的性格。1674年风靡一时的医学论文《病人的珍宝》（*The Sick-man's Rare Jewel*）写道："那些体内充斥黏液的人……才智浅陋，思维迟钝，懒惰，精力不济，他们会梦见雨水、降雪、洪水、游泳等。"[2]而那些黄胆汁气质的人，"则拥有灵敏聪睿的头脑，生性勇猛，强壮机警，有仇必报，花钱大手大脚，对荣耀也有些渴望。他们的睡眠很浅，很快就能惊坐而起。他们的睡梦炽烈、灼热、迅疾，满是狂暴"。[3]绝大多数世人直至17世纪末都信持这一套体液病理学，笃信几大体液理论，相信血液的流注都来自肝脏。公元2世纪时，在罗马生活、工作的希腊人、来自帕加马的盖伦宣称，这就是人体工作的原理——虽然就我们目前所知，盖伦从未解剖过成年人。

在大学里，经典权威仍是学问的基石。牛津大学文学院的本科生在四年学习期间，必须"学习人文知识，依照学校守则的严苛要求，勤勉出席大学的公开讲座"。[4]课程内容是语法、修辞、逻辑、道德哲学、几何和古希腊语，其重中之重则是亚里士多德的著作，以及对亚氏著作的评注。某学生在申请学位时陈述，他的资质将"足以获得就亚氏的每一本逻辑著作发表讲演的资格"。讲演要用优雅的拉丁语，时间为45分钟，不出席的学生将被处以罚金。就连正餐与晚餐上的交谈也要用拉丁语。导师指导学生学习，与学生一起晨读，指引他们阅读正确的文本：巴托罗马乌斯·凯克曼和罗伯特·桑德松两位神学家的逻辑学；西塞罗、普林尼、恺撒和李维的修辞学和史学；希腊语原典的《新约圣经》；弗兰西斯科斯·帕沃尼乌斯论道德哲学的《伦理学大全》（*Summa Ethicae*）。在课程中，只有一些注解课本的作者不是那些已经死了几百年的人，但他们注解的对象当然还是那些已经死了几百年的人。

而在大学之外（或许也在它们的院墙之内），人们依旧普遍相信半人马怪、独角兽和巨人存在；评论家可以一本正经地赞同"蛇生成于死者的大脑""变色龙生活在空中""鸵鸟吃铁""永葆青春的灵丹妙药真实存在""蛇怪从公鸡下的蛋里孵出来"这样的见解。绝大多数皇家学会的创始成员出生在詹姆斯一世统治时代（1603—1625），这名国王坚信魔法和巫术。那是一个黑暗、困惑的世界，任何离经叛道、有悖信仰与教规的言行都是艰险至极的旅程。

不过，正统观念也开始遭到诸多挑战。1609年5月，当时还是帕多瓦大学数学教授的伽利略正在威尼斯逗留。他从传言中得知，荷兰人发明了一个新玩意儿。"借助这个玩意儿，就算观察者的肉眼距离可见物体遥远之极，他还是可以看得清清楚楚，仿若近在眼前。"[5] 回到帕多瓦以后，伽利略就着手制作自己的望远镜（到1610年他已经做出了4个，最后一个功能最强，放大率达到了惊人的30倍）。当伽利略把望远镜对准天空，映入眼帘的一切让他大吃一惊：月球表面并不像希腊人说的那么平坦，而是布满了山丘和谷地；木星是个圆形的盘子，本身拥有4颗卫星。最令人震惊的是，空中有着数量庞大的星星，这些肉眼不可见的星星之前从来无人见过。"无论你将望远镜指向（银河系）何方，"伽利略写道，"立即就有一大团星星涌入视线，其中许多颗还颇为巨大，极其明亮。不过，小一点的星星还是无法测定。"[6]

对于伽利略的发现，人们最初的反应颇为复杂。传统的亚里士多德派学者直截了当地拒绝相信天空还存在任何亚里士多德未曾提及的事物的可能；政府则决定先把星星的事情搁到一边，转而注重望远镜的军事潜能。然而，正如英国驻威尼斯使节亨利·沃顿爵士迅速认识到的那样，观测此前不可观测之物的能力也为人们打开了新的世界——此话尤为贴切。望远镜改变了天文学，为研究和猎奇带来了无与伦比的机会。1610年3月，沃顿爵士向国内寄回了一本伽利略基于自己望远镜的早期观测结果而撰写的小册子——《星际信使》（*Sidereus Nuncius* or *Starry Messenger*）。沃顿还为这本小册子写了一封附信：

我随信附上了一条最惊奇的新闻献给国王陛下（我这么说也

是恰如其分）。这条新闻之前在世界任何地方都可以说是闻所未闻，这就是附上的那本帕多瓦数学教授写的书（当天寄出）。这位教授借助一种光学仪器（既放大也接近了物体）……已经发现了绕着木星旋转的四颗新行星（木星卫星），此外还有许许多多不知名的恒星；同样地，还有探寻已久的银河系真正成因；最后，月亮并非球体，而是密布诸多突起。最为奇怪的是，月球靠着从地球反射而来的太阳光而得以明亮……至此，就一门完整学科而言，他第一个将之前的天文学全盘颠覆。[7]

18年后，做过詹姆斯一世和查理一世医生的威廉·哈维出版了《心血运动论》（*De motu cordis*）。本书是他10年研究的结晶，阐述了心脏的本质，并提出了血液在全身循环，而不是从肝脏流注的理论。批评者们援引盖伦反驳哈维，他们认为如果血液循环说成立的话，整个体液病理学就将陷入疑问，因为这样一来体液就会彼此混合，人们也没法各自单独矫正这些体液。还有批评者只是轻描淡写地对哈维说，盖伦已经给了他们一个靠得住的假说，这就已经够用了，多谢。

哈维本人，一个在诸多层面上是传统的亚里士多德派的人，也没法解释血液为什么循环。但哈维确信血液是循环的，这一点堪称关键所在。哈维并不接受经典权威正确无误，而他一定是像前人一样搞错了的说法。他推崇"肉眼观察"（ocular inspection）：不能凭着表面印象就信以为真，而要自己去观察。

他并不孤单。17世纪伊始，廷臣哲学家圣阿尔本子爵弗朗西斯·培根就曾呼吁，大众应该与传统的亚氏学问说再见。培根认为，与其用那些未经证明的假说来检验经验观测的正确性，不如亲自进行观测：

> 探求和发现真理，有且只能有两条道路。一条道路是从感觉和特殊的东西飞跃到最普遍的公理，从这些原理及其不可动摇的真理出发，去判断并发现终极的真理。这是现在通用的道路。另一条道路则是从感觉和特殊的东西经由持续且逐步的上升，最终达到最普遍的真理。这是真正的但迄今还未有人踏足的道路。[8]

培根倡议说，学问唯有经由实验方得增益，而非解读增补前贤往哲就能长进。事实证明，他的倡议极大地影响了初创期的皇家学会。学会的创始成员都是培根科学方法的追随者、实验知识的拥趸。与威廉·哈维一样，他们都强调了"肉眼观察"的必要。

培根死于1626年。传统的说法是他因对做实验过于投入而死。托马斯·霍布斯告诉约翰·奥布雷，培根坐着他的四轮马车跑到户外时，心血来潮要验证自己的一个想法：白雪能否像食盐一样用来保存鲜肉？于是他停下马车，走进海格特地区一名穷困妇女的家门，从她那里买了一只母鸡。培根请这位女子切除母鸡的内脏，用雪填充其体腔，一步步教她做。"雪让培根冻得浑身颤抖，

弗朗西斯·培根像；约翰·范德班克绘。
第一代圣阿尔本子爵培根既是英格兰实验科学之父，也是皇家学会创始成员们的灵感来源。

很快就病势沉重，再也没法返回他的住宿地。"⁹两三天后，培根便撒手人寰。

但即便是不在人世，培根也对皇家学会的诞生有所贡献。在他身后出版的、未完成的奇幻著作《新亚特兰蒂斯》（*New Atlantis*，1627）中，一队走失的旅行者无意间在南太平洋找到了一座乌托邦之岛。岛上有一个由聪明睿哲之士组成的"所罗门宫"（Solomon's House），他们在这个机构筹划自己的新型实验，并搜寻那些在书中描述的或是外国进行的实验。所罗门宫拥有大量化学实验室、天文台、制药和医疗设施，一个"展出包括几何和天文学在内的各种仪器"的数学馆，许多花园，还有一座藏有"各式各样更珍奇卓越的发明的样品和模型"的仓库。所罗门宫的研究领域范围甚广，有光学、显微学、磁力学，甚至还有基因工程；会员合作共事，探寻"万事万物的成因和运行之秘，将人类帝国的边界尽量扩展到万事万物皆在掌握之境"。这便是科学研究机构这一概念的早期构想：一群志趣相投的成员组成一个学会，大家齐聚一堂，致力于促进实验哲学。33年之后，这个构想终于在格雷沙姆学院的一个房间开花结果，皇家学会便在那里诞生。

* * * * * *

奠基

"致力于促进实验哲学"

1660年11月28日，星期三。格雷沙姆的天文学教授克里斯托弗·雷恩结束了他在学院阅览厅里的每周讲演。头戴兜帽、身着长袍的雷恩步行穿过庭院，走进几何学教授、同事劳伦斯·鲁克的寓所。

此外，还有十个人涌进了鲁克的寓所，各色人等皆有：大学教授和业余爱好者、保皇党人和共和派、年轻人和老学究。鲁克于1652年开始驻足于主教门*，执掌格雷沙姆学院的天文学教席。1657年他转教几何学，显然是因为几何学教授的寓所更好，而且有独立阳台。同年，年仅25岁的克里斯托弗·雷恩得到了天文学教席，住进了鲁克的旧寓所。在那儿的还有第三位格雷沙姆学院教授——曾是医学系主任的乔纳森·戈达德。其他学者则包括新近出任里彭座堂主任牧师的约翰·威尔金斯和医生兼统计学家威廉·佩蒂。复辟之前，威尔金斯是一位突出的克伦威尔派大学管理者，做过牛津大学瓦德汉学院和剑桥大学三一学院的院长。佩蒂一度是格雷沙姆学院音乐教授，他早在1650年就已在牛津声名鹊起，彼时他代替牛津皇家医学教授主持了一次解剖工作，后者因为"没法忍受一具血淋淋尸体的骇人场面"而不愿出面。正是这次解剖见证了一名叫安妮·格林的家仆的奇迹复活：格林因杀害私生子，在牛津城堡里被处以绞刑。行刑完毕后，格林的尸体被运往佩蒂的宅邸解剖。就在佩蒂准备仪器的时候，一名旁观者

---

* 主教门（Bishopsgate）：伦敦的一座城门，后引申为附近地段，位于伦敦城东北角。——译者注

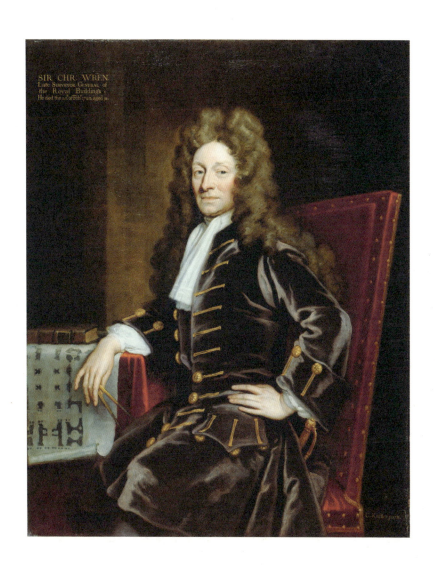

克里斯托弗·雷恩爵士像；戈弗雷·内勒绘。

今天雷恩最为知名的身份是建筑师，他一开始做过解剖学家

和天文学家。1680—1682年，雷恩担任皇家学会会长。

（在17世纪，解剖乃是一种公共事务）注意到安妮还在呼吸，于是此人用脚踩她的胸脯，无意间成了一次心肺复苏，也让佩蒂得以将其抢救过来。很快安妮就恢复如初，她带上自己的棺材回家，以此纪念她奇迹般的大难不死。[1]

学者之外的第二大创始群体是四名职业廷臣：业余天文学家保罗·尼尔爵士；罗伯特·莫雷爵士和亚历山大·布鲁斯爵士（两位老兵都是斯图亚特王朝的支持者，与查理二世一起流亡，并在复辟之后重返英格兰）；威廉·布朗克子爵，他在护国公时期一直明哲保身，却在局势安全的时候摇身一变，成为一位热情洋溢的保皇党人。不过不同于以上三人的是，身为数学家的布朗克子爵卓具科学声誉。

最后，还有三名既不属于宫廷，也不供职于学院的出席者：住在圣殿区*的威廉·鲍尔，是一位业余天文学家；在17世纪50年代，他与尼尔和雷恩一道，开始对土星及其变动的轮廓大感兴趣。（望远镜已经先进到可以显示这颗行星的形状变化，但还不能揭示其变化原因。对地球上的观测者而言，环绕着土星的是一圈圈星环，它们在不同的时段排成了不同的直线。）25岁的亚伯拉罕·希尔是这群人中最年轻的（最年长的莫雷有51或52岁），他是个伦敦商人，刚刚去世的父母给他留下了一大笔遗产。希尔当天现身鲁克寓所，大概是因为他用新获得的财富在格雷沙姆学院给自己

---

* 圣殿区（the Temple）：伦敦城位于泰晤士河北岸的一个行政区域，得名于圣殿教堂，向来是各大律师学院和律所驻地。——译者注

租了几间屋子。第三个也是最后一个人则是才华卓越却又神经衰弱的罗伯特·玻意耳，科克伯爵的儿子。玻意耳的《关于空气的弹性及其物理力学的新实验》（ *New Experiments Physico-Mechanical, Touching the Spring of the Air and its Effects* ）一书描述了他与助手罗伯特·胡克一起建造了一个真空密室，并展示了火焰、光线甚至生物失去氧气的结果。玻意耳有那么一些特立独行——深居简出，新教信仰炽烈，通常不情愿加入任何可能吸纳他为成员的社团。

这些朋友和朋友的朋友像他们往常聚会时一样，畅谈科学问题和新的发明。大家交换观点和理论，讨论实验哲学。

正因为他们彼此之间频繁会面碰头，也许自然而然便有人提议，将会面改进为更正式的辩论会；仿照其他国家学术促进机构的办法，他们也可以在这里做一些负责任的事情，致力于促进实验哲学。[2]

于是大家同意举行定期周会，时间是每周三下午三点钟。学校上课期间，他们会在鲁克的格雷沙姆寓所会面；而在放假期间，威廉·鲍尔就会让出自己在圣殿区的屋子。每个人都将缴纳10先令的一次性入会费，还有每周1先令的会费（不管他们本周是否到会）。约翰·威尔金斯获任主席，鲁克出任司库。格雷沙姆学院的修辞学教授兼医生威廉·克鲁恩获任登记官（也称秘书官），虽然那天他并未出席会议。抱着扩大规模、招兵买马的念头，12位创始人还列出了40名潜在的新成员名单："今天到会的人都熟知这些人，认定他们愿意而且适合加入这项事业，一如大家设想的那样。"[3]

皇家学会诞生了。[*]

* * *

如果说皇家学会的生日还算清楚的话，那么其源头依旧是个争论不休的辩题，科学史学者为此吵得不亦乐乎。他们就像自己笔下的17世纪大人物一样争先恐后，希望自己的说法独占鳌头。皇家学会是否真如罗伯特·玻意耳在1646年和1647年提到的那样，起源于一个"无形学院"或是"哲学学会"？又或者，学会只是瓦德汉学院那个"大社团"（Great Club）的衍生物，一如牛津萨维尔天文学教授塞斯·沃德于1652年描述的那样？又或者，学会始于一群学者和志趣相投哲学家的偶然聚首，正是这批人在护国公时期的最后岁月里涌入伦敦、开始在格雷沙姆学院雅集？

上述三段设问的答案都是"是的"。牛津数学家约翰·沃利斯的名字也在创始会议拟定的潜在成员名单里，据他的回忆，1645年内战方炽的时候，一群热心人士就不时在乔纳森·戈达德的伦敦寓所会面，有时还会去市中心伍德街的米特雷酒馆。除了戈达德和沃利斯，这个群体还包括约翰·威尔金斯，他已撰写出版了一系列风行于世的科学著作：《发现一个新世界》（*The discovery of a new world*，1638）一书设想了月球宜居的可能性；《关于新行星

---

[*] 各创始人生平的详尽细节可参见附录1。

的讨论》(*A discourse concerning a new planet*，1640) 为哥白尼、开普勒和伽利略提出的宇宙图景做了辩护；《墨丘利》(*Mercury*) [也称《秘密和敏捷的信使》(*The secret and swift messenger*，1640)] 则讨论了代码和密码的使用。这个群体的其他成员绝大多数是医生，其中最为杰出的乃是查尔斯·斯卡伯格，他不但拥有成功精湛、蜚声于外的医术，还对数学和光学有着浓厚兴趣。根据同时代人沃尔特·波普的说法，斯卡伯格"生活彪炳煊赫，其客桌总是对所有饱学之士开放，但特别青睐灰心丧气的保皇党人。不但如此，他还更加厚爱那些因为追随国王事业而被逐出牛津剑桥两校门墙的学者"。[4]青少年时代的克里斯托弗·雷恩就曾住在斯卡伯格家中，后来他将自己对数理科学的兴趣归功于这位老人的培育。

沃利斯确实在25年后写到了当初这些聚会，他确信这些伦敦城内的雅集就是皇家学会的雏形。沃利斯说，各成员每周交纳一笔会费，用于支付实验所需。他还提到，集会遵从一套规程。宗教和政治讨论被禁止。小组讨论自我限制在"物理学、解剖学、几何学、天文学、航海、静力学、力学和自然实验"之内。[5]他们讨论血液循环（威廉·哈维正是斯卡伯格的朋友，也许也曾在几次集会中现身）、哥白尼假说和彗星的本质、物体在空中的加速、光学的进展。沃利斯接着说，这些集会后来挪到了齐普赛街的牛头酒吧和格雷沙姆学院。"我们的人数也有所增加。"[6]

沃利斯记述的每周聚会在1648年左右便逐渐消失了。这并非巧合。正是在那一年的4月，可能是上述所有皇家学会前身的主要推动者的约翰·威尔金斯离开伦敦，前往牛津大学接任瓦德汉学院院长。此时的牛津正在经历一波改天换地的变革：威尔金斯目睹数百名保皇党人被大学扫地出门，绝大多数学院的院长都换成了亲近议会一派的人。威尔金斯在瓦德汉学院建立了一个公开透明宽容的体制，"摒弃顽固、无礼和吹毛求疵之举，这些劣行在当时一些牛津头面人物和教职工身上简直到了极致"。[7]威尔金斯力倡实验哲学，很快，罗伯特·玻意耳、约翰·沃利斯、乔纳森·戈达德等人就前往牛津，参加威尔金斯举办的科学集会，作为伦敦"无形学院"的承继。几名剑桥人士也加入了他们，其中就有劳伦斯·鲁克及其导师塞斯·沃德。沃德是查尔斯·斯卡伯格的朋友，他的剑桥教职刚刚遭到褫夺，起因是他反对1643年的《神圣盟约》(*The Solemn League and Covenant*)。*身处牛津稍微宽容一些的体制之中，沃德获任萨维尔天文学教授（1619年，默顿学院院长、数学家亨利·萨维尔爵士创设了天文学和几何学两个教席，这两个教席至今依然以他的名字命名）。群英荟萃的人才梯队和威尔金斯无偏无党的掌院体制，开始吸引不同政治立场的才华卓著的本科生。克里斯托弗·雷恩于1649年抵达瓦德汉学院，成为这个圈子的一分子，而他那身为保皇党的叔叔正因反对议会而被囚禁在伦敦塔。

1652年，塞斯·沃德记述了一个约30人组成的"大社团"，成

---

* 《神圣盟约》：1643年，苏格兰和英格兰议员为维护苏格兰长老会地位而签订的盟约，亦称《国民誓约》。——译者注

员们自发记录"已经发明的那些事物"，制作一份记载"仍需发明之物"的清单，并设计相关的实验。沃德在致友人的信中说，已经有8个人加入了这一社团，"每一个人都在一刻不停地工作，只为布置一座实验室，动手做化学实验"。沃德本人就在瓦德汉学院门房的屋顶修建了一个天文台，获得了望远镜"等观测仪器"。[8]

第二年，拥有广博人脉和通信网络、对一切新哲学问题都兴味盎然的波兰流亡者塞缪尔·哈特利布听说，威尔金斯已在牛津创立了"一所旨在做实验和研究力学的学院"，遂慷慨解囊捐出了200英镑。[9] 于1654年到访牛津的约翰·伊夫林则在与"最慷慨大度、好学求知"的威尔金斯博士的晚宴中大感愉悦，他也有幸得见"实验和力学"的一些成果：

> 他建起了一座座犹如城堡宫殿般的透明蜂巢，如臂使指地依次整理它们，取出蜂蜜却不会伤及蜜蜂。这些蜂巢饰有形形色色的标度盘、小塑像、风向标……他还做了一尊中空的塑像，人们可以在远处，凭借一根长而隐蔽、直达其嘴的管子让这尊塑像发声说话。他还在自己的寓所和过道上弄出了种类各异的阴影、标度盘、透视，以及其他许许多多人工、数学和魔法的珍奇玩意儿：里程计、温度计、大块磁铁、圆锥等几何切片、半圆面上的天平，绝大多数出自他本人之手，这就是天赋异禀的年轻学者，克里斯托弗·雷恩先生。[10]

罗伯特·玻意耳与牛津大学从未有过直接瓜葛，但他还是在牛津大街有几间屋子。在这里，他与罗伯特·胡克合作，用气泵做实验。就在玻意耳的屋子里，雷恩完成了世界上第一例成功的犬脾切除术：他用一把阉猪刀切除了玻意耳的西班牙猎犬的脾脏。威廉·佩蒂则驻足于牛津大学，帮助那名容易犯怵的皇家医学教授做解剖工作。这群人在佩蒂的寓所聚会了好长一段时间，因为佩蒂待在某药剂师的屋宅里，手头就有现成的药物、化学品和其他物品。约翰·沃利斯也在其列，1649年6月他获任萨维尔几何学教授，从此在这个职位上整整待了54年之久。此外，还有先驱医生兼化学家托马斯·威利斯，他在默顿巷有一间房子，距离玻意耳仅仅街角之遥。塞斯·沃德教授哥白尼的天文学理论，他也是第一个这么做的萨维尔教授。在威尔金斯的庇护之下，实验哲学在牛津大学实现了空前繁荣。

就像本该发生的一样，随着时间流逝，这个群体风流云散，有些成员也对科学意兴阑珊。1652年佩蒂前往爱尔兰，出任克伦威尔麾下的首席医生。雷恩则于1657年得到了格雷沙姆的天文学教席。彼时鲁克已经在那里了。1658年，戈达德也追随雷恩来到格雷沙姆学院。1659年，约翰·威尔金斯转任剑桥大学三一学院院长，这也标志着支撑牛津实验哲学社团的动力业已消散。

或许换种说法更合适一些：社团正在转移阵地。皇家学会的第三个前身是格雷沙姆学院。彼时的格雷沙姆已经赢得了"科学

罗伯特·玻意耳像；约翰·科尔斯布姆绘，摹本。
玻意耳是科克伯爵之子，也是17世纪的顶尖实验哲学家，才华横溢而又神经衰弱。

摇篮"的赫赫声名。学院于1597年秉承托马斯·格雷沙姆的遗志而建,这名伊丽莎白一世时代的富裕商人之所以赢得声誉,靠的是修建伦敦的主要商业中心:康希尔街的皇家交易所。托马斯爵士身后捐出了他位于主教门街和布罗德街之间的别墅——一座面积宽广的带院宅邸。这栋别墅成为首都伦敦的某处成人教育中心。这所学院神学、法学、物理学、修辞学、音乐、几何和天文学的各科教授享有50英镑的年薪与免费住宿,他们每周在主栋建筑后面的大厅里,面向伦敦市民举办公开讲演。格雷沙姆学院首创了英格兰的几何学和天文学教席,并在17世纪的前30年里赢得了"数理科学研究中心"的巨大声望,吸引了亨利·布里格斯(1597—1620年任几何学教授,被称为"英国的阿基米德")和埃德蒙·甘特(1619—1626年任天文学教授,被约翰·奥布雷誉为"第一个将数学工具用得臻于化境的人")这样的高人。[11]这两个人都有着浓烈的清教徒情感,也对航海和船运兴趣非凡,他们的几个后继者也传袭了他们的清教徒思想和研究兴趣。德普特福德各大造船厂里的仪器制造商、造船工程师和工匠之间逐渐建立起了密切合作关系,这也让格雷沙姆学院成为声名显赫的应用数学和航海学中心。

不过,格雷沙姆学院的声望在17世纪三四十年代却走了下坡路,布里格斯和甘特时代赢得的巅峰声誉一落千丈。学院再也不是引领技术进步的前沿阵地,人们对教授也可以说是怨声载道:教授甚至不履行远非艰难的教学职责,要么花钱请副手代读讲义，要么干脆不讲课。神学教授理查德·霍兹沃斯将绝大部分时间花在剑桥大学，他也是那里的伊曼纽尔学院院长；法学教授托马斯·艾登不得不在1640年辞去教席，因为他"还有其他几份差事……与他在格雷沙姆的出勤相互冲突"；几何学教授约翰·格里弗斯则于1633年前往中东探险，7年不归（他最后遭到解雇，"因为长期缺席，还有不上课"）。[12]

1651年，威廉·佩蒂出人意料地出任格雷沙姆学院音乐教授，尽管他在爱尔兰的职责意味着他很少在学院露面。如前所述，"牛津社团"的第二名成员劳伦斯·鲁克于1652年当选天文学教授；3年之后，乔纳森·戈达德"凭借克伦威尔的权力和赏识"成为物理学教授；1657年8月，克里斯托弗·雷恩接掌了鲁克改任几何学教授之后留下的天文学教授教席，也入住了那几间舒适便利的带阳台住所。[13]短短6年时间里，格雷沙姆学院的7个教授中已有4人（包括全部3个科学教授）有过牛津供职经历，他们都曾是以威尔金斯为中心的那个科学社团的成员。

1660年查理二世的复辟意味着流亡在外的保皇党人重返伦敦，其中就有亚历山大·布鲁斯和罗伯特·莫雷爵士。王室复辟还意味着布朗克子爵和保罗·尼尔爵士这种不冷不热的保皇党人也将重返伦敦，宣示他们的忠诚，期许新政权的优先录用。同时，威尔金斯

下页图
主教门区的格雷沙姆学院。
1660年11月28日那个星期三下午，12个人正是在那里一致同意"为了促进实验哲学"，举行定期会议。这也标志着皇家学会的诞生。

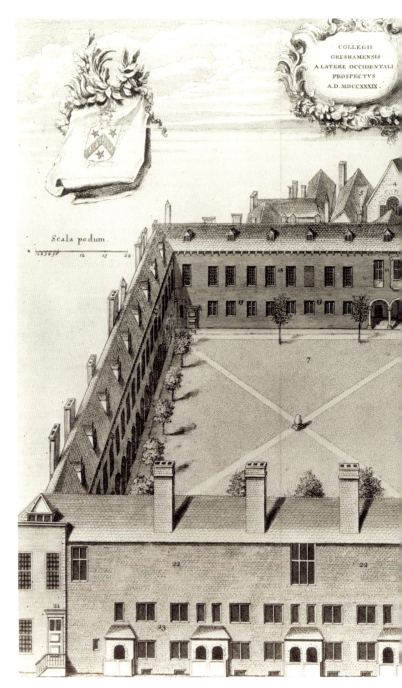

COLLEGII
GRESHAMENSIS
A LATERE OCCIDENTALI
PROSPECTVS
A.D. MDCCXXXIX.

Scala pedum.

References to places in the College.

1. Gate into Bishopsgate street.
2. Court within the gate.
3. Physic prof. lodgings.
4. Reading hall.
5. Music prof. lodgings.
   Porters rooms underneath.
6. Passage between the two courts.
7. Green court.
8. Observatory.
9. Geometry prof. lodgings.
10. { Back door into the geometry prof. lodgings.
11. Room behind the reading hall.
12. Divinity prof. lodgings.
13. Physic prof. elaboratory.
14. Back door to the elaboratory.
15. Rhetoric prof. lodgings.
16. { Door into the rhetoric prof. lodgings.
17. North piazza.
18. Astronomy prof. lodgings.
19. South or long gallery.
20. South piazza.
21. { Fore door into the astronomy prof. lodgings.
22. West or white gallery.
23. Almes houses.
24. West end of the south gallery.
25. Gate into the stable yard.
26. Law prof. lodgings.
27. { Fore door into the law prof. lodgings.
28. Passage into Sun yard.
29. Stable yard and stables.

和佩蒂这些热诚的克伦威尔派却发现自己丢掉了工作，有了大把大把的赋闲时间。天时地利人和兼具，"所罗门宫"已是呼之欲出。1660年11月的那个星期三下午，皇家学会的奠基正式开始，大家激情满怀地投入了工作。

亚历山大·布鲁斯，第二任金卡丁伯爵像；约翰尼斯·梅滕斯绘。
17世纪50年代的布鲁斯积极投身于保皇党事业，他也是发明家、廷臣、皇家学会的创始人之一。

* * * * * *

章程

"我们的哲学集会"

在鲁克的格雷沙姆学院寓所初会之后，这个群体又在1660年12月5日的周三下午按计划重新聚首。住在白厅宫的罗伯特·莫雷爵士以廷臣的身份报告说，查理二世已经得知这个计划，而且"大为赞同"。[1]现在，各成员开始着手搭建组织架构、订立一部章程，保障他们还没有正式名称的学会能够存活下来，并订下超越个体成员目标的远大目标。他们决定，这个学会旨在每周集会，"商议辩论那些旨在关注并促进实验哲学的事项"。[2]

事情进展神速。12月12日第三次会议之后，他们成立了一个委员会，负责制定初版章程。成员们投票通过了一系列规章制度。他们定下了55人的人数上限，公职竞选的20人法定投票人数。大家还一致同意，"未经审查"，任何人不得被接纳为会员。这条规则的仅有例外包括：皇家医学教授成员，牛津剑桥两校的数学、医学和自然哲学教授，还有"那些爵位在男爵及以上的贵族"。[3]吸引有权有势的贵族进入这个新组织，其目的显而易见。金钱和接近权力堪称学会至关重要的工作事项，而贵族恰恰可以同时保证两者。但实际上很少有贵族愿意奉献金钱、分享权力。不仅如此，学会不考虑其科学成果就接纳贵族为会员的决定，让学会混入了许多拥有显赫身份与社会地位却对科学只有三分钟热度的人。在皇家学会成立的初期，贵族占据了20%左右的比例，廷臣和政客（与贵族不同）构成了另25%。有些人是活跃的成员，有些人则从来没有到会过。无论如何，这批人的加入给初生的皇家学会带来了一定的社会声望。在1670年，查理二世、他的弟弟约克公爵詹姆斯、他们的堂兄鲁珀特亲王都是皇家学会会员。瑞典学者格奥尔格·斯蒂恩海姆不无震惊地写道：

> 国王本人就像第二个阿波罗王一样，作为至高无上的主管和主持，打理着他手下的星带。群星璀璨之中，我们可以找到王子、亲王、公爵、富豪、地主、伯爵、男爵、饱学的赞助人，还有遍布社会各阶层的一批人：他们凭借超群学识和过人智慧得列其中。[★4]

成员们确立了三项主要职位的任命方式：一名会长（也称主管），每月改选一次；一名司库；一名注册官，今天我们或许会称其为"登记员"。后两个职位的任期是一年。学会成立伊始，大家都认可保留书面记录的重要性：注册官准备了三本簿册，一本记载学会成员名录和相关法律法规；另一本记载实验；第三本则记录"偶至法令"。[5]注册官有一名协助他的抄写员，年薪40先令。还有一名年薪4英镑的操作员，负责协助进行实验和证明工作。

最后，他们终于设立了一套会员的选举办法。任何人不得于受推举的当天当选；候选人若要当选，需要当天出席的会员三分之二以上同意。实际投票规程执行如下：

> 抄写员（应当）准备几张长宽相等的小纸卷，数量两倍于出席会员。其中一半纸卷打上十字符号，另一半则打上零的符号；

★ 王室与学会的联系延续至今：伊丽莎白二世女王是学会会员，也是其赞助人。查尔斯王储也是学会会员。

两种纸卷都要卷起来，分别放成两堆。接下来，每个人都依次上前，从两堆纸卷中各取其一，按照自己的喜好，秘密将一张纸卷投入瓮中，另一张投入箱内。之后，会长和两位会员公开唱票，数清楚瓮中的十字符号纸卷，再依此宣布选举结果。[6]

这种秘密投票在今天看来也许已不新鲜，但我们应当明白，这是在英国通过《投票法案》（Ballot Act）将无记名投票法引入议会和地方政府选举的200多年以前。皇家学会已经远远领先于时代。

一本章程赋予了新组织基本架构，但若想求得真正之稳定和连续性之保障，成为单一法律实体，而非聚在一起的闲散群众的话，赢得皇家特许状赐予的法人地位是唯一途径。城市和大学都有皇家特许状，伦敦的同业公会和大型海外贸易公司也有特许状。查理一世颁发过十二张特许状，获颁的组织范围甚广，从扑克牌制作公司到救济院都有。而在查理二世复辟成功之后的两年内，三张新的皇家特许状找到了它们的主人：玻璃销售公司、皇家非洲公司和新英格兰公司。一张皇家特许状带来了某种程度的保护，也带来了承认、合法性和有效性。

就在罗伯特·莫雷游说国王，请求其颁发特许状的同时，成员们也在为这个新机构寻找一个合适的名称。在某个时间点，大家叫它"学院"（academy）。这也许是参考了蒙特摩学院——17世纪50年代末到60年代初，由一群每周定期在巴黎的蒙特摩旅馆聚会的自然哲学家组成的团体。1661年7月，约翰·霍斯金斯写信给古董收藏商约翰·奥布雷说："我很好奇，为什么你不告诉我一星半点有关那个著名的怀疑派哲学家学院的事？他们从不相信任何未经试验的事物。"[7]

"皇家学会"这个名字的启发归于日记作者约翰·伊夫林。1661年4月23日是查理二世的加冕日，伊夫林在一篇纪念加冕、谄媚主上的颂词中极尽褒美之能事，赞颂了查理一世奖掖科学团体之举，写下了"因陛下为我们格雷沙姆学院之学会所行之事而感荣耀"这样的句子。7个月后，伊夫林翻译的加布里埃尔·诺迪（法国作家）著作出版。在这本论述"建立图书馆"的英译本献词中，伊夫林感谢了大法官克拉伦东"对皇家学会的提携和奖掖"。1661年12月3日，伊夫林记载说："在全体表决下，我们的哲学集会通过了一项条款，其内容是因我为集会博得了'皇家学会'这一尊贵的名字而对我表示公开的感谢。"[8]

名称得到接纳的同时，罗伯特·莫雷爵士也在幕后努力，争取获得皇家特许状。1661年3月到1662年7月间，莫雷九次出任学会会长。身为苏格兰枢密院委员的莫雷在白厅宫有一套住宅，容易接近查理二世。正是莫雷在格雷沙姆鲁克寓所的学会初会之后的数日，带来了国王嘉许学会成立的消息。1661年10月他向学会报告说，他和保罗·尼尔爵士"以皇家学会之名亲吻了国王的手臂"，同时向查理二世呈交请愿书，要求获得学会的那一份特许状。[9]1662年6月初，莫雷受命组织一个委员会，负责"起草一份文书、筹设学会架构"。与他共事的还有布朗克子爵、威廉·佩蒂、乔纳森·戈达德和约翰·威尔金斯。[10] 1662 年 7 月 15 日，莫雷的努力开花结果：皇家学会的特许状盖上了国玺。第二个月，布朗克子爵召集到了他能请到的所有学会成员，前往白厅等待觐见国王，称颂他对皇家学会的慷慨和厚爱。大家还向国王保证："我们立定决心，一致至诚地追寻……经由实验方法，增进一切实用技艺和自然事物的知识。"[11] 他们还感谢了大法官和罗伯特·莫雷爵士，特别是后者"对学会的关怀和厚爱，将其构造升格为法人团体"。[12]

根据章程条款，布朗克子爵获任皇家学会主席，而不是罗伯特·莫雷和另一位台面上的竞争者约翰·威尔金斯。相关原因并非全然清楚，也许一个贵族看起来是更合适的选择，又或者因为布朗克还是查理二世新王后（布拉干萨的凯瑟琳公主）的大臣，在宫廷里有更大的影响力。章程明文规定，学会会长要一直任职到 11 月 30 日的圣安德鲁节，之后就需要每年参与改选。学会的权力机构是包含会长在内的 21 人组成的理事会；莫雷、玻意耳、沃利斯、尼尔、雷恩和佩蒂也得到了提名。这个理事会也要一直任职到圣安德鲁节，届时 10 名理事会会员就将退位让贤，让新人填补空缺：这一过程也将每年重复一次。威廉·鲍尔获任司库，取代了 6 月去世的劳伦斯·鲁克；约翰·威尔金斯和德国移民亨

约翰·伊夫林像；罗伯特·沃克绘。
以其日记闻名于世的伊夫林与早期的皇家学会关系匪浅。
正是他想出了学会的格言 "Nullius in verba"，翻译过来
就是"不人云亦云"。

Ἡ δὲ μετάνοια αὐτὴ φιλο-
σοφίας ἀρχὴ γίνεται.

利·奥登伯格则出任秘书官。成员们就此成为举世闻名的皇家学会会员，也许这正好呼应了培根笔下的《新亚特兰蒂斯》，"所罗门宫"的成员就被称为"会员们"。

特许状带来的好处不胜枚举，包括但不限于社会声誉、身为单一法律实体得以存续的许诺，还有法律认可带来的组织架构安全性。此外，学会获批"与各色人等的外国人一起，致力于研究自然科学、数学和机械物体"，并保持通信。更重要的是，学会获得授权发行一份独立出版物。在那个一切媒体都被国家严格管控的年代里，这可是个巨大的特权。皇家学会还获得了"索要、取得并收受死于刽子手之手的死者尸体，并予以解剖"的权利。[13]

尽管大家都为学会的新获地位兴奋不已，但会员们还是立刻开始游说争取更多的东西。理事会的会议和1662年11月30日的选举活动也为之暂停。莫雷、尼尔和布朗克重新投入工作，结果就是取得了第二张皇家特许状。1663年4月22日，这张特许状也盖上了国玺。

第二张特许状强调，位处伦敦的皇家学会旨在增进"自然知识"（今天也是如此），与王室紧密联系在一起。查理二世自命为学会创始人和赞助人（会员满心期待查理王能够拿出行动展现他对会员工作的赏识，给他们一大笔捐赠或是土地补助金）。这张特许状也让会员人数剧增，超过了起初55人的目标：只要会长和理事会同意吸纳入会，任何人都可在特许状颁布的两个月内成为会员。1663年5月20日的一场会议上，总共有115人获准成为皇家学会会员。这批人里有现任会员，也有新来的人，其中就包括几名伯爵、19位骑士和22个医生。到1671年，三分之二的科学会员（在一个或多个科学分支领域有着职业兴趣的会员）都是内科医生或外科医生。这个比例足以解释一个事实，即病理学和解剖学的研究占据了皇家学会早期会议的许多议程。6月22日，又有5名新人入会——一个通讯员、一名记者、一位苏格兰政治家，还有两位外国人。尊贵的荷兰科学家克里斯蒂安·惠更斯，已经与莫雷通信多年，讨论莫雷的土星环理论以及其他学说；还有塞缪尔·德·索尔比埃尔，法国医生兼蒙特摩学院秘书。索尔比埃尔彼时正访问英格兰，并在那个夏天促成了皇家学会的几次会议，期许在英法两个科学团体之间建立定期通信。

纵观皇家学会的历史，其向来有欢迎外国会员的传统。波兰天文学家约翰·赫维留于1664年获允入会；法国数学家兼科学家皮埃尔·佩蒂特于1667年入会；德国哲学家戈特弗里德·莱布尼茨于1673年加入；荷兰先驱微生物学家安东尼·范·列文虎克则于1689年加入。事实上，在1660到1685年间，每十名会员中就有一人是外籍人士。

上述外籍会员之中的绝大多数从不到会，他们之所以得选会员，乃是学会承认其科学成就、扩展学会海外声誉的手段。其他一些外籍会员则是碰巧在合适的时间出现在了合适的地点，摩洛哥驻英大使穆罕默德·本·哈杜便是一例。1681年他到访查理二世宫廷，一时间成为伦敦名人。本·哈杜表达了对皇家学会工

作的兴趣，也应邀列席了一次会议。会上，本·哈杜展露了一手"极为出色的阿拉伯语书法"。[14]临行前，本·哈杜将他的名字以阿拉伯语签在了会员名册之上。

外籍会员享有免交会费的权利（不过，也有相当多的英国本国会员认为，他们自己也在豁免之列）。1682年之后，外籍会员在出版发行的会员名册里独占一个门类。1740年时，外籍会员人数已经接近皇家学会总会员人数的一半。

* * *

1669年，学会得到了第三张皇家特许状。这张特许状使学会得到了他们期盼已久的皇室划拨土地：切尔西学院。这所半建成的牧师学校始建于詹姆斯一世时代，在护国公时期曾用作战俘营。皇家学会本有机会将此地打造成一个"所罗门宫"，一处研究机构的永久会址，但是学会缺少足够的资金。这块土地于1682年作价1300英镑卖回给了查理二世，作为新设立的皇家退伍军人医院的地址。*

1663年的第二张特许状赋予了"为促进自然知识而设的伦敦皇家学会"拥有自身纹章的权利：一面印有英格兰三狮军团的盾

---

* 2012年，皇家学会得到了第四张皇家特许状，就是人们所知的今天仍在使用的《增补特许状》。这张特许状给之前的文件做了不少微小的修正，其中就有对第二张、第三张特许状英语译本的承认，并赋予其优先于拉丁语文本的地位。

威廉·布朗克，第二代布朗克子爵，数学家，皇家学会首任会长。
据称是彼得·莱利画作摹本。

牌，代表支持者的两条白色猎犬分拱两侧，还有一个羽毛状的盔饰，居于之上的则是一只鹰。颇好此道的约翰·伊夫林设计过好几种更明白直接的科学型纹章，比如"云中伸出一只手，紧握着铅垂线"，或者"一个地球仪，居于一只人眼之下"。不过，他的想法似乎都遭到了否决。查理二世送给学会一根镀银的权杖，很快这根权杖就镶上了纹章。伊夫林的岳父赠给学会一个底座以安放权杖。没有这根权杖在场的话，皇家学会无法召开任何会议（直至现在）。

伊夫林在研拟合适座右铭时的运气要更好一些。他先后想了几条拉丁语铭文，分别意为"我们还有多少未知之事""经由实验"和"尝试一切"，最后想出了"不人云亦云"（Nullius in verba）的格言，大意就是"不随他人之言"。这句话被接纳为皇家学会的正式格言，并一直沿用到今天。

* * ✫ * * *

实验

"开启宝藏的钥匙总是朴实无华而又锈迹斑斑"

人员就位，纹章到位，如期组建，伦敦皇家学会一切就绪，要在世上占有一席之地了。不过，这一席之地究竟是什么？皇家学会又干了什么？

学会确实整合了知识。从一开始，会员就被要求收集讲述各行各业的所见所闻——雕刻和蚀刻、提炼、造船、砖瓦工程、酿酒。克里斯托弗·梅雷特医生就编撰了一部雄心勃勃的名录，登载"英格兰的自然万物及其珍品"。[1]这不仅仅是为知识而知识的求知欲使然，随着会员规模扩大，也有不少业余玩家和热心乡绅加入，他们对奇闻奇物兴味盎然。不过，鞭策学会核心成员的还是"增益自然知识"这个信念，它对改进贸易、商业和制造业实属必要。*

正如托马斯·斯普拉特1667年在他那本《皇家学会史》（ History of the Royal Society ）中所写的那样，留下"一切自然或艺术工作的可信记录"，"这样一来现代人和子孙后代就能识别标记那些因为长期以来习焉不察而固化的错误"。但仅仅这样也是不够的。[2]用一份日期不明、大概出自威廉·尼尔（保罗·尼尔之子）的倡议书的话说，"学会的任务是做实验"，尽管并不是为实验而实验。他强调说："这些实验本身可不仅仅是不去穷根究理的枯燥娱乐而已。"[3]1660年12月5日学会第二次开会时，克里斯托弗·雷恩接到

---

* 梅雷特也有发明香槟制作法的功绩。1662年他向皇家学会呈递了一篇论述葡萄酒酿造的文章，比法国初次提到这一酿酒术要早了50年。梅雷特在文中论述说，糖分可以加进葡萄酒中，实现第二次发酵，并令其发泡。

任务："准备在下次会议上展示钟摆实验。"同时，由布朗克、玻意耳、莫雷、佩蒂和雷恩组成的委员会则被要求"为特立尼费的水银实验准备一些问题"。[4]第一个实验大概与雷恩的钟摆振动研究有关，时人认为正是钟摆实验抓住了精确计时的关键，也为经度难题带来了解决方案。第二个实验则与一个观测计划有关，观测对象是特立尼费岛上海拔约3660米（约12000英尺）处的水银气压计。皇家学会是个多元统一体：交流想法和发现的论坛、收集和传播这些想法的中心、配合国家和国际研究的中心。不过总的看来，对实验之学的证明、赞助、讨论和促进，才是皇家学会的核心要义。

在1660年12月19日的第四次会议上，所有会员都获邀，引介"其所认定或将适于促进学会总体构架的类似实验"。[5]1661年1月2日，实验活动已是全速运转。布朗克和玻意耳已经编撰了一个清单，列出了22项特立尼费岛的实验点子："精确观测太阳升到山顶和落山的时间，并记下时间差"；"用一个沙漏做检验，看看放在山顶的摆钟比山下走得更快还是更慢"，等等。[6]这个清单收入了学会的簿册，在成为一项永久性记录的同时，它也会在实验带来重大发现时证明学会的优先性。玻意耳受邀展示他的气泵，乔纳森·戈达德展示的是他的"颜色实验；佩蒂医生则在当天向学会宣读了几份图表，讲述了造船史"。[7]布朗克应邀"继续进行枪支的后坐力实验，并在下次会议时展示"。布朗克后来爽约了，学会只得在数周之后再度邀请，然而他再次爽约。这种允诺、爽约和提醒的模式，对许多会员而言成了家常便饭。特别是那些本职工作繁忙的人，他们除了每周到格雷沙姆学院开会之外，还要应付各项事务。"引介"（bring in），这个短语表意模糊：有时指实际意义上的实验展示，有时则是一篇报告别处实验结果的论文。比如说，戈达德受邀引介他的颜色实验，结果就是他创作了一篇论文，记述他如何混合不同的液体：混合之后要么无色，要么就是有了完全不同于混合之时的颜色。这篇文章也如期登载在簿册上。

不过在每周一次的会议上，还是有大量的实验现场展示，学会成立的第一年里就有约24次。这些实验往往以实验对象的死亡告终。1661年6月13日会上，研究动物生理学的沃尔特·查尔顿给一只小画眉鸟和一只小啄木鸟各喂了三粒马钱子（士的宁）；两只鸟都死于非命。"他还给另一只小画眉鸟喂了两粒马钱子，并将同样多的提纯物混在一起喂了进去；短短9分钟他就杀死了这只画眉鸟。"死在玻意耳气泵下的生物更是多种多样，其他会员也对毒物兴致勃勃，实验中曾有一只蟾蜍和一条蛇蜥被撒盐致死，"会中还约定，下次会议要带上两只小狗，用来测试毒物实验"（颇不寻常的是，这两只狗都活了下来）。

查理二世赠给保罗·尼尔爵士五枚小玻璃球，"为了让皇家学会处理和辨别它们"。玻意耳等会员在此之后也开始从事浮力问题的研究。[8] 玻意耳拿来了三个装满水的玻璃量筒，并将中空的玻璃球放入，"有些玻璃球随着水的加热浮了起来，有些玻璃球却在加热的时候下沉；有些玻璃球在冷却的凉水中上浮，却在水加热的时候下沉"。显然，这些实验并不总能得出定论。

随着学会声誉日隆，新闻报道开始关注非会员在别处进行的实验。通常会员乐于重复这些验证他们发现的实验。尽管他们的报告每每都能得到其他会员的无异议通过。会员及其宾客也给每周的会议带来了诸多悬念，引入了"展示讲述活动"（show-and-tell）的早期雏形。有些奇珍异物要更吸引眼球一些：有个会员曾掏出一块得于海滨的平板石，因为这块石头长得像是一块饼干蛋糕。还有一次，这位会员（药剂师约翰·霍顿）不无骄傲地展示了一只取自戈达尔明的四腿鸡。霍顿还出示过一块山药，半个据说是鹈鹕嗉囊的大皮囊，还有"一只稀有的蜂鸟"（大概已经死了）。[9] 克鲁恩博士则带来了一只死的长尾小鹦鹉，请植物学家兼医生尼希米·格鲁为其防腐，但格鲁缺席了这次会议，因此布朗克只得将鹦鹉带走再转交于他。最后拿到鹦鹉的时候，格鲁认定其已不适合保存，他承诺将防腐对象换成一只鹰。

学会的记载有时简短得不知所云。"威尔金斯博士带来了一块淡色帘子。"[10] "抄写员得命，下一次会议时要带来一条玻璃帽饰。"[11] 1661年6月获邀入会的白金汉公爵曾经许诺，要在下次会议时带来一片独角兽的角。目前并无他履行承诺的记载，倒是罗伯特·索斯维尔真的掏出了"一块大角，据传正是独角兽的"。1661年7月的一次会议上，一堆"独角兽角的粉末"吸引了一圈人围观，人们将一只蜘蛛放在了粉末中央，"这只蜘蛛迅速就跑开了"。[12]

有些实验总是要比其他实验更难做一些。数学演算被认为是枯燥的；那些牵涉弹道学、海拔和天文学的实验出于实际原因不得不在别处进行；即便是对17世纪那些铁石心肠的人而言，不具麻醉剂之便的活体解剖也不怎么赏心悦目，常常还会引起他人强烈不适；最简单的实验常常也要用到专业设备。会议地点选在鲁克的格雷沙姆寓所有一大好处：他有权使用学院的仪器。就在学会成立之初的一次会议上，抄写员记道："鲁克先生为水银实验提供了试管和水银。"[13]

1663年夏天，学会正在紧锣密鼓地准备接待查理二世的御临（这次御临并未真的发生）。大家为此进行了大量讨论：如何策划实验，才能震撼、娱乐、取悦这位皇家赞助人？要选什么实验？克里斯托弗·雷恩撰写了一封长而实用的建议书。他认为，化学实验脏而乏味；解剖示范"污秽恶臭"；数学论证和天文仪器的陈列对外行而言太过费解；农业和工业机器则需要"资料和引注"，所需时间超过了一次皇家访问的允许范围。"速记法、反光术和屈光术"则需要更多的实操技巧，学会现有的资源不够；建筑设计在没有实际建筑物的情况下毫无用处，或者，至少也应就这一主题展现出超过国王期待的洞见。惊奇和壮观必不可缺，但是幻术戏法就算了，那将让学会的工作自降身价。"只是炫技的话……那将很难构筑这一场合的庄重性"，而在同时，"开启宝藏的钥匙总是朴实无华而又锈迹斑斑。不过单靠钥匙本身在朝堂之上是拿不出手的，除非先镀一层金银"。雷恩接着写了一些实际建议：一支

罗伯特·胡克1665年先驱性的显微镜研究著作中的一张插图。本书名为《显微制图》，也称《微小躯体的生理描述》。

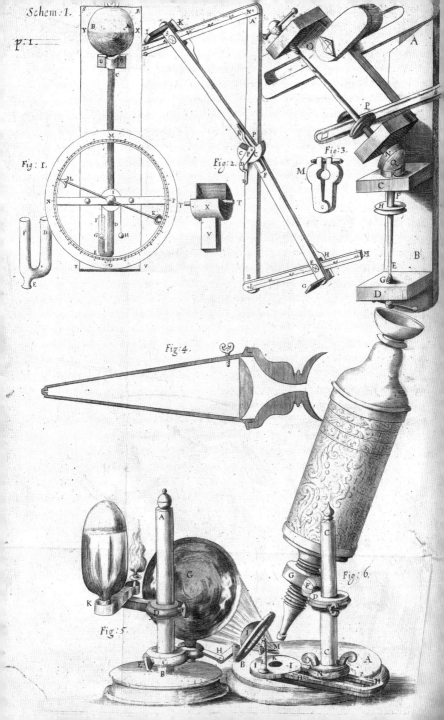

Schem: I.

p: I.

Fig: I.

Fig: 2.

Fig: 3.

Fig: 4.

Fig: 5.

Fig: 6.

环形气压计；一只人造眼（即眼模型）；一块置于弹簧之上并浮在水上的指南针，这样的设计使它便于在一辆移动的马车上使用。

基于第一张皇家特许状，会员们开始思考将他们的实验哲学方法职业化。或者至少将这一重任交到负责其事的人手中，而不是将其交给十二三位各行其是的会员处理：绝大多数会员在格雷沙姆学院之外的生活颇为忙碌。1662年11月，罗伯特·莫雷爵士提议，大家应当找到一个"乐意受雇为学会策展的人，他每天受命布置实验，并在大家开会的时候布置三到四项规模可观的实验"。[14]这位"实验经办人"需要一份额外收入。莫雷心知肚明，除非学会有一个良好的财政基础，否则这份报酬就没法兑现。

这位廷臣心里已经有了人选：罗伯特·玻意耳的助手，27岁的罗伯特·胡克。对那些曾于17世纪50年代待在牛津的会员而言，胡克是个老相识了。胡克曾有一段不成功的学画经历（短暂做过彼得·莱利的学徒），也在威斯敏斯特公学就读过一段时间。1653年或1654年，胡克去了牛津大学基督堂学院，开始先后协助托马斯·威利斯和罗伯特·玻意耳的实验工作。一来二去，胡克就与瓦德汉学院圈子——约翰·威尔金斯、塞斯·沃德、约翰·沃利斯和克里斯托弗·雷恩建立了频繁的联系。皇家学会创立之时，胡克仍然是玻意耳的助手。有迹象显示，正是胡克协助玻意耳完成了后者在学会周会上展示的那些实验。胡克第一份发表的科学研究成果是一本旨在解释毛细血管运动的小册子，这份成果也进入了1661年4月10日学会例会的辩论议程。

因此，当莫雷建议学会任命一位实验经办人的时候，所有人都知道他指的是胡克。大家一致通过了这一人选，胡克也在第二周得到了任命。学会授命说，他应当"到会并与大家同席。他既要在每次开会之日引介本人的三到四个实验，也要照料好其他人的实验（学会应当向他提及这些实验）"。[15]学会感谢玻意耳交出自己的助手，这份感谢可谓实至名归：玻意耳似乎还在继续支付胡克的薪水。

学会成立的最初几年里，有一批人塑造了学会的面貌。其中，约翰·威尔金斯具备这个新组织所需的视野，正是他一手打造了内战前后人们在伦敦和牛津的雅集。而在赢得皇室对这个计划的认可，以及争取到赋予其合法性的特许状方面，罗伯特·莫雷爵士的功劳要比人们通常认为的大。不过，要是提到17世纪最后三分之一个世纪里让皇家学会位居科学革命先驱之列的那些实验哲学的缜密实践的话，还是得归功于罗伯特·胡克的投身奉献。才华卓著却又虚荣易怒的胡克几乎在每个科学分支上都提出、设计、报告并出版了实验成果，虽然其私人生活并不缺少阴暗面*。我们知道，"胡克只有一副平庸的外貌。他身材短小，颇为畸形，脸色苍白，体态瘦弱，表情贫乏，一头褐色长发"。[16]胡克的人际关系可能极为困难。每当他觉得自己没有得到足够尊重的时候，他都会威胁要离开皇家学会，另起炉灶创建一家，不过他从没这么做。

---

* 胡克的日记总是巨细无遗地记载各项事件，他细致入微地记述自己每次获得性高潮的经历：有时是他自慰，有时则是与女佣，有时则是与他十几岁的侄女、受监护人格蕾丝。

而在其他一些时候，他的"被怠慢妄想"倾向就全盘翻转为彻头彻尾的妄想狂。他向同事们大发雷霆，发誓再也不会与大家共事，却总是被拉回那个他曾参与创建的强有力的科学圈子里。不过胡克确实是个天才，他与玻意耳和雷恩都是皇家学会早期会员里才华超卓的人，直至艾萨克·牛顿横空出世才夺走他们的光芒。

从一开始，胡克的身份就有些麻烦。尽管他只是个雇员，其等级却要超过匠人或是技工。1663年5月，皇家学会也承认了这一点，选举他为正式会员。一切如常，大家依旧定期"命令"他做这个或是那个实验。1664年，曾经接过劳伦斯·鲁克的格雷沙姆学院几何学教席一职的艾萨克·巴罗从学院辞职，留下了一个教席空缺。胡克成了填补这一职缺的一时之选。这个教席的50英镑年薪和住宿待遇也让皇家学会得以继续无偿享有他的劳务。到头来，这个教席给了亚瑟·戴克医生。不过，乐善好施的城市金融家约翰·库特勒爵士主动捐钱在格雷沙姆学院创建了一个专为胡克而设的讲席（不过他承诺胡克的50英镑年薪支付得可就没那么爽快了，这段关系最终也在法庭上终结）。戴克到任仅仅10个月就被扫地出门，胡克得以顺理成章地接任，成为格雷沙姆学院的几何学教授，并在这个职位上一直待到1703年去世。

从1664年开始，皇家学会终于开始给胡克发薪。尽管他们将先前答应的80英镑年薪砍到了50英镑，库特勒被认为是造成这一差价的原因。无论如何，这笔薪金也让罗伯特·胡克成为史上第一名职业研究科学家。

走马上任的头几天里（没薪水），胡克就着手工作了。在出任实验经办人的第一个周会上，胡克就用实验展示了留有局部真空的玻璃球，如何"清脆一声裂开"。他还许诺给大家做个"空气韧度的实验"。[17]第二周，他向学会报告了自己给空气称重的尝试。很快，他就演示了另一个用到更多玻璃球的实验，有些玻璃球开封，还有一些抽出空气并密封。他会提出自己的实验计划，也会着手去做其他会员想出的实验。一次会上，胡克提出他准备在下周三做两个实验：彼时他要攀上威斯敏斯特教堂房顶，在那里称量一些物品，再到地面称量之，看看结果有没有什么差异。这些实验，他都如期完成了。1662年1月21日的一次会议上，胡克提出"下次会面要引介如下实验：1. 昆虫在凝结空气中的生存状况；2. 自由落体之力；3. 呼吸；4. 冷水和热水里光的不同折射"。[18]胡克将这些实验都做了。就在同时，胡克还想出了48个问题并送交到冰岛：水银会在寒冷状态下凝固吗？火山喷发出来的是何种物质？鲸鱼是如何呼吸的？世间存在精灵吗，如果存在的话，它们的形态为何，它们说了什么、做了什么？

胡克的产出惊人，这在他担任实验经办人的最初几年间尤然。直到17世纪70年代，他开始怀疑自己的努力未获足够尊重之前，他一直坚定不移地为皇家学会奉献。在他1664年出版的实验显微镜杰作《显微制图》（*Micrographia*）里，胡克费尽心思地声明了他与皇家学会的联系。他在扉页自述为学会会员，并在呈给查理二世的献词里列上了其他几位会员的大名，这些人也在忙着撰述有关制造业、农业、航海业新进展，以及商业增长的书籍。胡克甚至还为本书出了第二版，献给皇家学会本身。他在书中说："将我这些微小的努力'献给'这家最为卓越的学会。"[19]值得一提的是，1666年9月的伦敦大火后，重建城市的设计方案可谓五花八门、纷繁迭出。胡克向皇家学会呈交了他本人的重建方案，克里斯托弗·雷恩则将提议直呈国王。秘书官亨利·奥登伯格最后读到雷恩的计划时，不无懊恼地写道：

> 如果他设计的这个城市模型能在呈递御览之前得到皇家学会或是理事会的评审和批准的话，那就将冠上皇家学会的名字，学会也将以此闻名，大大有助于让一批人闭上臭嘴。这帮人总是喋喋不休地问，他们（学会）做了什么？*[20]

胡克在皇家学会成立的头十年里推动着实验工作。1664年，学会在会议上完成了约75次实验，会外进行并在会上报告的实验次数也与之相类。胡克并非孤军奋战，医生会员们的研究也格外活跃，他们致力于研究毒物的效力、呼吸生理学，还有最著名的输血。1667年11月22日，理查德·罗尔和埃德蒙·金向学会报告说，一名叫亚瑟·科加的剑桥毕业生准备好了"亲自上阵做这个

---

* 就像其他方案一样，雷恩的设计图最终遭到了否决。主事者更青睐一块一块地重建旧城。一百多年之后，雷恩方案的部分元素却在托马斯·杰斐逊和皮埃尔·朗方的新城市设计草案里浮现，这座新城市就是波托马克河畔的华盛顿。

《显微制图》的标题页。

MICROGRAPHIA:

OR SOME

Physiological Descriptions

OF

MINUTE BODIES

MADE BY

MAGNIFYING GLASSES.

WITH

OBSERVATIONS and INQUIRIES thereupon.

By *R. HOOKE,* Fellow of the ROYAL SOCIETY.

Non possis oculo quantum contendere Linceus,
Non tamen idcirco contemnas Lippus inungi. Horat. Ep. lib. 1.

NVLLIVS IN VERBA

LONDON, Printed by *Jo. Martyn,* and *Ja. Allestry,* Printers to the
ROYAL SOCIETY, and are to be sold at their Shop at the *Bell* in
S. *Paul's* Church-yard. MDCLXV.

英国病理学家理查德·罗尔1667年把羊血从
胳膊输入人体,该人奇迹般地生还了。

输血实验的被试者，交换条件是一个几尼"。[21]两天之后，他们在阿伦德尔府，当着"众多要人和智者"的面做了这项实验。[22]打开一只小羊的颈动脉和科加手臂上的一根静脉之后，"把我们的银质管子植入上述切口，再将羽毛管嵌入已经植入羊和人的两条管子之间，以此将小羊的动脉血输入人的静脉"。[23]科加奇迹般地活了下来，并于11月28日出席学会会议，报告了"他接受前述输血实验以来，观察到的自身状况"。[24]科加还告诉会员们，他乐意接受第二次输血实验，大概是为了再挣一个几尼。

上述医学研究颇具启发性，尽管这些研究常常也令人苦恼：在皇家学会的会议上，小猫小狗经常以各式各样骇人的方式被杀死，或是被摘除器官。1664年，胡克活体解剖了一只狗。他用了一对风箱，又将一支管子插进小狗的气管，"这样一来，我想让（狗）活多久就活多久，直到我完全打开其胸腔、切掉其全部肋骨，并打开腹部之后"。[25]胡克给这只生物制造的痛苦是如此可怕，以至于他发誓再也不重复这个实验，但是3年之后他还是重复了这次实验。在此期间，医生会员都没法成功示范这一实验。

狂飙的实验数量在1665年速度放缓，那一年的瘟疫让不少会员离开伦敦，前往相对安全的牛津。紧接着就是1666年的大火，会员们只得暂且撤出他们在格雷沙姆学院的会址。尽管他们在海滨的阿伦德尔府重觅地址，那里却不再拥有相同的仪器设备。学会的实验盛况再也没有回复到胡克早年出任实验经办人时的高度。尽管胡克还留在学会，但是他的兴趣已经转往他处：协助雷恩重建伦敦市内的教堂，追寻自己在机械学上的兴趣。有那么几年里，学会周会上只有12次实验。到了17世纪80年代，理事会着手寻找替代他的实验经办人。1687年胡克提议说，如果他的薪水能涨到每年100英镑的话，他将乐于"每次开会时做一两次实验，并宣读一篇论文"。不过他的提案遭到了否决，17世纪余下的时间里实验经办人一直空缺。[26]学会逐步偏离了其"实用论坛"的宗旨，从起初实验的化身渐渐变成了一家清谈俱乐部，论文得以发布而科学逐渐隐退。

* * * * * *

自然科学会报

"对扎实有用知识的渴望将进一步被满足"

1665年3月6日星期一，伦敦街头出现了一种新刊物。这份刊物声称是献给皇家学会的，它声明要记述"世界各地多国的英才在当下的事业、研究和工作情况"。这期《自然科学会报》（*Philosophical Transactions*）在16页篇幅里不拘风格地收录了各种论文、观察数据和书信摘编。[1]《自然科学会报》收罗了天文学领域的国内国际新闻，法国人阿德里安·奥祖在一篇长文中宣称自己预见到了1664年年末现身于欧洲上空的彗星运动，另一则短消息则表示罗伯特·胡克于1664年5月观测到在"木星三条光环上最大的一条上的斑纹"。这期杂志还登载了罗伯特·玻意耳的《冷冻实验志》（*Experimental History of Cold*）的预览版本，事实上，它更像是一则广告。杂志不带讽刺地宣布：玻意耳著作的出版已因"近来的极端严寒"而延迟，因为印刷机冻住了。本期杂志还刊载了玻意耳收到的一桩关于汉普郡一头在母牛被屠宰的时候发现的"奇形怪状的巨牛犊"的轶事，百慕大地区的捕鲸情况，关于钟表在航海时测算经度可能性的报道，还有一则"现今最杰出的天才之一"，大数学家皮埃尔·德·费马的讣闻。费马死于1665年1月。[2]

《自然科学会报》不但是世界上第一份科学期刊，而且也是出版年限最长的期刊，可能也是最为重要的一份刊物。"如果世界上除《自然科学会报》之外的所有书籍都毁于一旦的话，"英国大生物学家赫胥黎于1870年写道，"那么我也敢说，自然科学的根基仍将屹立不倒。"[3]这份刊物出自皇家学会秘书亨利·奥登伯格的设想。奥登伯格约1619年生于德国不来梅，17世纪50年代中叶以不来梅驻克伦威尔政府使节的身份逗留英格兰，之后成为罗伯特·玻意耳外甥理查德·琼斯的家庭教师。1656年，奥登伯格陪着琼斯去了牛津市，接着又与约翰·威尔金斯相识。在威尔金斯的组织下，一群实验哲学家后来在牛津和伦敦聚首，其中就有胡克、雷恩、塞斯·沃德和约翰·沃利斯。随后，奥登伯格带着他的学生进行了一次加长版的宏大游学旅行，直至1660年5月查理二世复辟才回到英格兰。他与罗伯特·玻意耳依旧关系密切，他目睹了玻意耳的多本著作印刷成书，并将其中一部分译成拉丁语。就在同时，奥登伯格与欧陆不少大人物建立了通信关系，其中就有哲学家巴鲁赫·斯宾诺莎、天文学家兼数学家克里斯蒂安·惠更斯。

　　1662年学会收到第一份皇家特许状时，奥登伯格被提名为理事会成员，并与约翰·威尔金斯一同出任学会的秘书官。"知识交流"乃是学会的核心要务，皇家特许状也明白无误地授权学会"与形形色色的陌生人和外国人交流共享彼此的才智学识"。[4]奥登伯格比威尔金斯更专心，致力于秘书官的职责，而后者的角色更像是学会副会长而非秘书。威尔金斯的通信网络遍及整个西方世界，扮演了一个信息中转站的角色，能将各地的新奇问题汇总进来。1664年，奥登伯格听说法国人正在讨论出版"一份登载欧洲各地传来的哲学与政治知识见闻之期刊"，这则消息触动了他，他也要做一份类似的期刊。[5]

PHILOSOPHICAL TRANSACTIONS:

GIVING SOME

ACCOMPT

OF THE PRESENT
Undertakings , Studies , and Labours

OF THE

INGENIOUS

IN MANY
CONSIDERABLE PARTS

OF THE

WORLD.

Vol I.
For *Anno* 1665, and 1666.

In the *SAVOY*,
Printed by *T. N.* for *John Martyn* at the Bell, a little with-
out *Temple-Bar* , and *James Allestry* in *Duck-Lane*,
Printers to the *Royal Society*.

这个想法的产物就是《自然科学会报》。这份刊物拟定于"每月的第一个周一"出版。实际上它的发行时间颇为零散。虽然刊物得到了皇家学会的批准，也登载了诸多会员的工作通知，可它还是一项私人事业。奥登伯格不无痛苦地表示，《自然科学会报》的"编辑和出版全部由我一人完成"。[6]奥登伯格希望每年能从刊物赚取150英镑，然而他赚到的数额很少多于这个数字的三分之一。印刷商有时拒绝印刷先前承诺的份数，因为他们觉得这种刊物卖不出去。很多情况下，奥登伯格最终只能将余下的刊物寄给外国通信者，换回他们那里的出版物。

《自然科学会报》也许并未一如奥登伯格之愿填满他的钱包，但它改变了世界。不错，奥氏办刊动机复杂。他不但看到了这次冒险的可能利润，也试图将皇家学会及其会员完成的杰出成果广而告之。奥登伯格深知，每当频繁上演的激烈争吵涉及"何者为先"并困扰科学世界的时候，一份带日期的出版物将无可置疑地指出某项科学发现的最早时间点。不过，《自然科学会报》的功用远不止于此，它还建立了一个分享想法的公共论坛，也借此创设了一种"知识交流"的国际文化。

在第一期《自然科学会报》的前言里，这位秘书官立下了他对新刊物的诸多宏愿。这些宏愿不但记述了自然哲学的当前研究和新的发现，也勉励了同行的工作：

《自然科学会报》第一卷。这一1665年3月6日首次发行的期刊致力于提供一份"关于世界许多地方的接触才智的工作"的记录。

最终，这些成果将被清楚无误地传达；对扎实有用知识的渴望将进一步被满足；灵巧独特的事业和努力将获珍惜。那些沉浸并熟悉这些问题的人可受此邀请激励，去探寻、尝试并发现新的事物，将他们的知识彼此相传，尽力为那项宏大计划做出贡献：提升自然知识，改进一切哲学意义上的科学和艺术。一切尽归上帝之光荣，英伦诸王国的荣耀和利益，以及人类的普世之善。[7]

从1665年到1677年他去世，奥登伯格一共发行了142期《自然科学会报》，其中部分由自己撰稿，偶尔还会刊登"奇闻"。比如，第89期收入了一篇玻意耳的论文，主题是"肉的冷光"（luminescence in meat）：它让皇家学会在之后数年里都成了笑柄。第44期则摘编了威廉·哈维对一名死于152岁零9个月的男子的验尸报告。哈维将该男子的死因归结为空气的改变（他刚刚从原籍乡下搬到伦敦生活）和饮食的变动（因为他被喂进了油腻食品）。哈维还指出，男子的生殖器完好无损，"这对于证实报告内容颇为重要，他本来饱受公众责难，说他大小便失禁"。[8]不过，这些离奇之事也不应让我们偏离一个事实：《自然科学会报》创刊之初刊登的大部分论文是品质甚高的开创性科研成果。吉奥瓦尼·卡西尼对土星卫星的大发现正是刊登在《自然科学会报》上。1672年的第80期《自然科学会报》则收入了"牛津大学数学系教授艾萨克·牛顿的一封来信，信中收罗了他有关光线和色彩的最新

亨利·奥登伯格（约1619—1677），从1662年担任皇家学会秘书官直至去世。画像由简·梵·克利夫于1668年绘制。

学说"。第81期刊登了牛顿的文章，介绍他刚刚发明的反射式望远镜。

1677年奥登伯格去世之后的一段时间里，《自然科学会报》似乎也随他而去了。奥登伯格去世之后的6年里，罗伯特·胡克试图以不定期发行的几卷《自然科学集刊》(*Philosophical Collections*)填补这一空白。这几卷集刊收入了书评和"物理学、解剖学、化学、机械学、天文学、光学以及数学和其他自然科学的实验和观测数据等，这些资料都是最近送抵出版者手头的"。[9]尽管胡克的集刊一直都是非官方出版物，但它也像会报一样高度依赖皇家学会会员的工作。胡克承诺，除非理事会和会员委托，否则他不会使用学会簿册上的任何内容。这几卷集刊还收入了外国的智力成果，其中就有荷兰显微镜学家安东尼·范·列文虎克的来信。当然了，奇闻异事也占据了相当一部分比例。比如说，第Ⅱ卷就刊登了一份记载萨姆塞特郡新生连体双胞胎的报告，另一份来自纽伦堡的报告则记述，"一具已经入葬43年的尸体却在发掘出来的时候几乎全部化为毛发"。[10]一份毛发样本还曾送到学会周会上做了展示，并且放入了储藏室。这次展示还激励了医生会员爱德华·泰森，他向学会提交了几份有关毛发、牙齿和骨骼的解剖观察数据，这些内容也得以在集刊里登出。

胡克负担不起投资《自然科学集刊》的巨额费用，这份刊物的印数也少得可怜。最后一期集刊出版于1682年4月，收入了范·列文虎克、伯努利和莱布尼茨的文章。第二年《自然科学会报》就复刊了，由弗朗西斯·阿什顿和罗伯特·普洛特联合主编。他们当时都是皇家学会的秘书官，但是会报仍未成为学会的官方部分。新复刊会报系列的第Ⅰ卷序言也说得很清楚："这几期会报的文章，不应当被视作皇家学会的业务。"[11]不过序言也接着强调，《自然科学会报》正是应学会之请才得以复刊，成为"引介、保有诸多实验结果的便利簿册，使这些不足以填满一本书的内容免于丢失"。[12]

自那以后，《自然科学会报》便成为皇家学会出版项目的中心特色，刊载内容根据编辑口味、素材可行性和科学研究进展而变。1752年，也就是奥登伯格出版第一期的87年之后，皇家学会终于接过了出版《自然科学会报》的官方职权。在此之前，其编辑业务和文章采选工作都落到了会报秘书官头上，学会却一以贯之地坚称自己对《自然科学会报》不负有任何责任，哪怕是在全世界都已将它视为皇家学会官方出版物的情况之下。事情到了1752年才有转变，时任皇家学会秘书官的医生兼古物学家克伦威尔·莫蒂默去世，他从1730年以来就一直负责编辑会报。莫蒂默去世的第二个月，学会理事会成员马格斯菲特子爵提议，学会应当掌控《自然科学会报》。一个由21人组成的论文委员会就此成立，负责审阅来稿并选取他们认为适合刊登的稿件。论文委员会成立的标志性意义远远不止于对现状的承认，现在，学会周会上宣读的所有论文都自动被认为将由论文委员会出版，因此，论文能在会报上刊登无异于加上了"官方承认"的印章。而事实上，一篇论文无论是在学会还是在委员会都很少被全文宣读，对论文的评断通常是基于其300到500字的摘要。正式会员聚会时既不会讨论也不会辩论这些论文，学会会员所要做的就是旁听。正如我们所见，这套制度衍生出了一些令人头脑麻木的乏味会议。

1776年，这份期刊更名，摇身一变成了《伦敦皇家学会自然科学会报》（*The Philosophical Transactions of the Royal Society of London*）。19世纪末，该刊物已经成为一家世界顶尖科学论坛：达尔文和赫胥黎都曾在此发文；汉弗莱·戴维把他发明的矿工安全灯也介绍刊登在这里；迈克尔·法拉第的电学实验研究，本杰明·富兰克林的带电风筝实验报告，查尔斯·巴贝奇对自己"差分机"（difference engine）也就是计算机前身的描述均刊登于此。爱德华·詹纳在《伦敦皇家学会自然科学会报》上发表了两篇论文：一篇是有关鸟类迁徙的，另一篇则是对布谷鸟的博物学观察资料，尽管这两篇论文都没法暗示詹纳未来会成为天花疫苗接种领域的先驱。到1887年时，版面需求已经大之又大的《伦敦皇家学会自然科学会报》不得不一分为二，分别命名为A刊和B刊。1896年时，这项区分对外人而言就更加清楚了："A刊系列包括数学或物理学论文"，而"B刊系列则收入生物学论文"。A刊和B刊之分也保留至今，不过现在的"A刊"也收录工程科学的文章。

就在同时，学会的出版职能也在增长。第一次扩张发生在

"人类牙齿结构的显微观察记录"。这幅插图和附带信件，描述了安东尼·范·列文虎克对牙齿结构的观察所得。

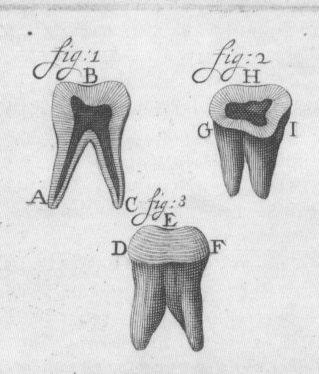

1800年，所有向《伦敦皇家学会自然科学会报》投稿并获通过的人都被要求提交一份摘要。摘要将在一份以简明扼要著称的刊物，也就是《伦敦皇家学会自然科学会报论文摘要》（Abstracts of the Papers Printed in the Philosophical Transactions of the Royal Society of London）上登出。这份刊物后来发展为《伦敦皇家学会通讯文章摘要》（Abstracts of the Papers Communicated to the Royal Society of London），后来又成为《伦敦皇家学会论文集》（Proceedings of the Royal Society of London），并与《伦敦皇家学会自然科学会报》保持一致，分成A刊和B刊。1938年第三份期刊产生了，这就是内部刊物《伦敦皇家学会札记与纪事》（Notes and Records of the Royal Society of London），负责刊登各式各样的晚宴、社交集会，以及会员们感兴趣的历史文献。今天，这份刊物的内容仅限于科学史，也是这一领域所有研究者案头的必备史料。

到了21世纪，皇家学会出版部已是蒸蒸日上，成了一本本新刊的大本营。除了《伦敦皇家学会自然科学会报》《伦敦皇家学会论文集》的A刊B刊、《伦敦皇家学会札记与纪事》之外，尚有一年一版的《会员传记回忆》（Biographical Memoirs of Fellows）（其实是新近过世会员的讣告合集）；刊登生物科学短文的《生物学短札》（Biology Letters）；关注生命科学和物理学交互的《交互》（Interface），以及由特定主题专号组成的子刊《交互聚焦》（Interface Focus）。《皇家学会开放科学》（Royal Society Open Science）则欢迎"高质量的科研成果，包括那些通常而言在别处难以发表的文章。比如说，带有负面结果的论文"。《开放生物学》（*Open Biology*）则是一份网上期刊，出版在分子和细胞层面具备高影响力的生物学论文。除《伦敦皇家学会札记与纪事》和《会员传记回忆》之外，所有皇家学会旗下的期刊现在都以连续出版模式发行，联机网络版本也是它们的权威记录。这些出版品都在继续践行奥登伯格的主张，讲述"世界各地的英才在当下的事业、研究和工作情况"。

＊ ＊ ＊ ＊ ＊ ＊

储藏室和实验室

"奇珍异品之阁，满满当当而又保存完好"

"所罗门宫"并没有在格雷沙姆学院待上多久。1666年9月的那场大火横扫伦敦，尽管格雷沙姆学院和伦敦城东北角的绝大多数街道未受损伤，但是伦敦城墙内的13200座房屋、86座教堂、51座同业公会大楼之中的44座、海关大楼、市政厅、邮政总局和皇家交易所都遭到摧毁或是严重损坏。

学会的日常会议厅被市政当局征用，他们一度撤退到了沃尔特·蒲柏的寓所，此人接替了雷恩的格雷沙姆学院天文学教授之职。1667年1月，会员们接受亨利·霍华德的邀请，将周会挪到了阿伦德尔府。这是一所面积宽敞的中世纪豪宅，位于海滨和泰晤士河之间，所有权归属霍华德的哥哥——第五代诺福克公爵。

霍华德在那里给了他们一处大小约为30米×12米（约100英尺×40英尺）的场地，位于阿伦德尔别墅之内。不少会员内心潜藏多时的想法是，学会拥有自己专属的场所——研究所或学院，正如托马斯·斯普拉特写的那样："为他们提供会议室、实验室、储藏室、图书馆和负责人的寓所。"[1]克里斯托弗·雷恩还出台了一项雄心勃勃的计划——修建一座五层大厦，容纳一群实验哲学家所能想望的一切事物：一间带长廊的双层会议厅（"非常适用于庄重场合"），一座实验室兼图书馆，还有各种工作坊（如一家铁匠铺），一处可以测试镜头的长阁楼走廊，其上还有一块可以调试望远镜的屋顶平台。[2]平台中央的圆屋顶可以用作天文观测台和解剖讲堂。阁楼到地下室之间的楼层间隔则留作大气压实验、测量落体速率、观测钟摆振动等用途。

雷恩的梦中学院落了个空。这项计划势将花掉4000多英镑，但是英国人当时的所有注意力和资源都聚焦在大火之后的伦敦重建上。罗伯特·胡克提交的缩水版计划最终取代了前者，但即便是胡克版计划也因为缺乏资金而不了了之。1673年，皇家学会搬回了格雷沙姆学院。

学会在这里又待了37年。18世纪初，对大楼状况深感忧虑的格雷沙姆学院校董们想要重建学院大楼，他们希望皇家学会搬离的意图也愈发明显。1703年3月24日，也就是胡克去世刚刚三周，学会就接到通知，要他们自行搬出，并将钥匙归还到胡克的寓所。皇家学会在格雷沙姆学院又拖了7年，他们一边哀叹"皇家学会的最初萌芽就是形成于格雷沙姆学院"，一边尝试寻找替代会址，但没能成功。[3] 1710年9月，格雷沙姆学院校董态度愈发强硬，要求学会必须离开。当时的学会会长艾萨克·牛顿爵士召开理事会告诉各理事，"已故的布朗博士"名下位于舰队街鹤苑的一栋房子正在出售。"它位处城市之中，同时又安静无噪，是一处理想选址，适合学会买下开会。"[4] 1710年10月，皇家学会不顾某些会员的反对，以1450英镑的价格买下了鹤苑。有反对者认为，相较于他们在格雷沙姆学院的房间，这里太过逼仄。1710年11月8日，学会第一次在鹤苑开会。之后没过多久，一间带长廊的储藏室就在鹤苑花园里建了起来，很有可能正是出自78岁高龄的克里斯托

下页图
维多利亚时代绘制的皇家学会开会场景。场地是鹤苑建筑，主持人是艾萨克·牛顿爵士，他端坐在满满当当的桌子之前，上面放着学会的权杖。

弗·雷恩爵士之手，这间储藏室因此也成为雷恩爵士的最后一栋建筑物。"那家高贵的机构已经迁入了舰队街鹤苑的两间房子，"约翰·麦基于1722年报告说，"他们在那里买下了一座非常气派的房子，为他们的奇珍异宝建了一间储藏室，背后则是一座略施雕琢的庭苑。"[5] 为了找回一些学会搬离格雷沙姆、搬入窄小庭苑里一座狭小房屋失掉的体面，牛顿命令学会的门房穿上礼服，还给一名职员戴上了学会的银质徽章；每逢学会开会的晚上，舰队街鹤苑的入口处都会挂上一盏灯笼。

皇家学会在鹤苑一共待了70年。不过，身为一家完备的国家机构，会员们一如既往地渴望学会的地位能得到他人的承认。会员们不时对外表达他们对新建筑基址的渴望，他们想要一处比藏在小巷深处的屋子更大的基地，尽管在门口还有一名身着礼服的门房挥舞着手杖。等到1775年，机会来了。议会确定白金汉宅邸——后来的白金汉宫——成为乔治三世王后夏洛特的住宅。这么一来，河岸的萨姆塞特府就变得多余了。那里是一所恢宏的都铎宫殿的残留，传统上是历代王后的居所（尽管近一百年来已经没有王后住过）。议会在同年通过一项法案，拆除这所房子，并在原址盖一座"国家建筑"以容纳一系列公家部门，从海军部到税务局再到驳船部，不一而足。时任皇家工务局测绘局长的威廉·钱伯斯爵士受命设计萨府新楼。不过，直到政府让公众知道这栋新楼意在为皇家学会腾出空间以后，建筑工作才算得上是破

19世纪初鹤苑一瞥

C.J. Smith, sculp.

House occupied by the Royal Society, Crane Court, Fleet Str.

土动工。

然而，计划中的办公空间并不够好。"我们原本希望分配给皇家学会的办公套房是这样的，"一封由学会会长和全体理事会成员签署的信件写道，"它将让全欧洲都知其分量，也就是说让大家都得其泽被、光耀于外。"[6]不过，那里却很难有足够的空间容纳学会的藏书，也根本没有空间建立储藏室。

学会的博物馆通常也被称为储藏室，乃是"一切艺术品、自然界怪奇抑或平凡之物之总藏"。这是皇家学会早期荣耀的一大来源，成员们将手中各式各样的珍品奇物赠给学会：一只极乐鸟、一枚鸵鸟蛋、一块硅化木材。学会不时有购入特定物品的呼吁，比如就在罗伯特·莫雷承诺呈递一块瑞典铜矿石的时候，能接触到类似种类岩石的会员也被要求"带来一些种类的矿物，放置在学会的储藏室里"。[7]1664年，同为医生的克里斯托弗·梅雷特和沃尔特·查尔顿都被要求制作一份"适于储藏室收罗的本国异域动物之清册"，以及如何保管它们毛皮的说明书。

1666年，即使皇家学会储藏室的本质没有改变，它的规模也经历了一番巨变：富有的司库丹尼尔·科尔沃尔在这一年捐出了100英镑，这让学会得以购买英格兰最为知名的珍奇藏品。凭借其"庞大产业、巨额花费和历时30年之久的国外旅行"，罗伯特·胡伯特的自然珍藏堪称伦敦一景。[8]他的宅邸位于圣保罗大教堂西首，每天下午都向游客有偿开放。此处还承办有三到四种语言的私人聚会；宅邸也对重要的王室和贵族人物给予了重点照顾，皇帝、皇后、国王、王后和亲王们都参观过这家博物馆。那里有一尊木乃伊，"饰以象形文字，（而且）取自一座埃及金字塔"；[9] 一根叙利亚巨人的股骨；一头长两个头的牛犊；一只北极熊的爪子；一大批出类拔萃的珍奇鸟类，其中就有"一只巨首长喙的未知鸟类"；[10] 鱼类和海贝；蛇类和蜥蜴；奇形怪状的蔬菜，包括"两株非常完美的曼德拉草根"；[11] 矿物和宝石，以及"一批反应奇特的物品"，其中有胡伯特在综合目录里提到的一种矿物质："将其扔进一杯酒里就产生了无穷无尽有如原子的泡沫，其在酒水中央的腾跃令旁观者心旷神怡。"[12]

皇家学会会员吃进胡伯特藏品的动机颇为复杂。有些会员陶醉于拥有这间现成"珍品阁"的纯粹喜悦之中，尽管从一开始皇家学会就迫切想让此事更体面一些：他们将丹尼尔·科尔沃尔描述成学会博物馆的创建者，爱出风头的罗伯特·胡伯特则在官方叙事中被抹去了。还有些会员将储藏室的这次大规模扩张（胡伯特的目录列出了约 1000 件藏品）视为学术研究的大好机会。他们同意胡克的说法，这些藏品并非"充作娱乐、猎奇或是吸睛之用……而是为了自然哲学领域最有能力的专家，做最严肃勤勉的研究"。[13] 但所有人都看在眼里的是，储藏室乃是提升年轻的皇家学会地位的手段。一家机构性质的博物馆具备连续性，不像私人收藏一样容易随着主人的死亡而风流云散。博物馆带来的学术美誉，本身也是吸引赞助的一大手段。

皇家学会储藏室的高光时刻于 1681 年到来。这一年学会出版了尼希米·格鲁的《皇家学会博物馆》(*Musaeum regalis societatis*)，"一份属于皇家学会、存于格雷沙姆学院的自然或人工奇珍的目录及说明"。[14] 格鲁这本多达388页的目录收罗了胡伯特的许多标本（有些已经丢失，或是无法补救地朽坏了），还有不少学会会员捐赠的藏品。格鲁小心翼翼地尽可能提及捐助人的姓名：约翰·威尔金斯赠予的用于测量、指示旅行距离的示程计；雷恩曾用于建造牛津大学谢尔登剧院天花板的几何图案地板，乃是由其发明者约翰·沃利斯设计、绘制和描述；皇家学会第三任会长约瑟夫·威廉森爵士也献出了一根海洋独角兽的角，约2.4米（约8英尺）长，"无论是长度、直度、白度还是涡旋印痕，都极其之美"。[15]

格鲁为每件物品都加上了一丝不苟的说明和印证，有时还会与先前的权威说法相左。他也亲自更正胡伯特的说法，将所谓"叙利亚巨人的股骨"纠正为大象骨头。胡伯特所藏的木乃伊已经消失无存：要么是分批卖掉了，要么就是在运输中遗失了。但皇家学会有了自己的木乃伊，那是由亨利·霍华德在1667年捐出的，格鲁浓墨重彩地描述了学会自有的这具木乃伊。那上面的象形文字都是男人、女人和鸟类的图案，饰以金、黄、红、蓝之色，但格鲁记载说，完成效果并不大好。木乃伊身长约1.7米（约5.5英尺）；内里的裹尸布（共三层）染上了"一股黑色似树胶的物质"。格鲁据此推论：

埃及人的防腐术如下：将尸体放在某种液态树脂里蒸煮（放在

一口像熬鱼锅似的大长锅里），直至身体内的水分蒸发、树脂里油腻黏性的部分逐渐渗入其中，并与之水乳交融地合为一体。[16]

格鲁认为，这很像是在糖里保留梨子。

皇家学会储藏室向外人打开大门，学会的日常例会也因此不再是观光客向往的胜地。1689年来访的克里斯蒂安·惠更斯谈到，他目睹了一间保存完好的珍品阁；1708年，《伦敦新视点》（*New View of London*）用了足足20页的篇幅描述了"格雷沙姆学院储藏室里最不同寻常的奇珍异宝"，绝大部分文字均由格鲁撰写。[17]《英国自然艺术珍品集》（*British Curiosities in Nature and Art*，1713）的作者也对鹤苑"美妙动人的稀世珍藏"欣悦不已，还单独列出了霍华德的木乃伊、沃利斯的几何图案地板，以及"埃克塞特郡某男子通过阴茎排出的一块2¼英寸长，呈金字塔状的结石"。[18]也有一些人对此没那么热情。讽刺作家内德·沃德就在1703年下笔贬斥，将储藏室说成"生锈的遗迹，哲学的玩具"。[19]

有证据显示，18世纪初储藏室的财富开始走下坡路。1710年夏，就在格雷沙姆学院敦促皇家学会寻觅新基址的时候，德国游客扎哈里亚斯·康拉德·冯·乌芬巴赫抱怨说，这些文物"不但毫无章法或是整洁可言，而且表面盖上了灰尘、污物和煤烟，不少文物甚至已经被彻底损毁"。[20]数月之后学会迁往鹤苑，盖起一栋新建筑容纳储藏室，但收效甚微：1729年，新设立的评估委员会发现，有些标本"腐烂不堪，余下的标本也乱成一团"。[21]第二年，某作家将

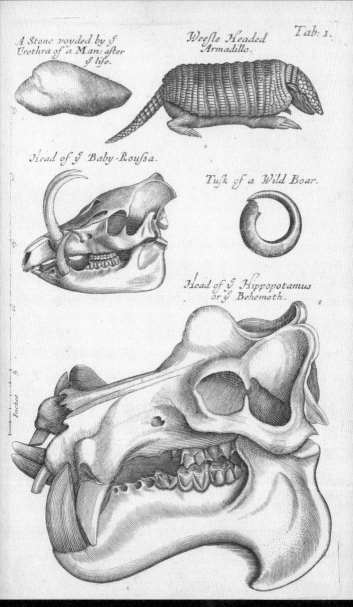

A Stone voyded by y⟨e⟩ Urethra of a Man: after y⟨e⟩ life.

Weefle Headed Armadillo.

Tab: 1.

Head of y⟨e⟩ Baby-Rouffa.

Tufk of a Wild Boar.

Head of y⟨e⟩ Hippopotamus or y⟨e⟩ Behemoth.

Inches

一块海马头骨，也是皇家学会储藏室里的一件物品。

这幅图出自学会秘书尼希米·格鲁1681年出版的《皇家学会博

这些文物贬斥为"一堆奇形怪状的玩具、无关紧要的'珍品'"。[22]

之后50年里，人们用了各种办法让储藏室井井有条。不过，要想维系、储藏这么一大堆介于"供研究藏品"和"老派珍品"之间的物品，其所需要的资源是皇家学会所没有的，仅就会员们微薄的投入而言也难以为继。讽刺的是，创办者们一度相信一家收藏机构将比私人博物馆更具稳定性和连续性，但学会会员们至此如梦方醒：他们这样的一家机构，要持续投入精力在一个永久性项目是多么困难。1752年，皇家学会图书馆员兼储藏室保管人伊曼纽尔·门德斯·达科斯塔（后来因为贪污1500英镑的会员捐助款而声名狼藉，并在债务监狱里蹲了5年）报告说："好奇的外国人和我们自己人一样总是渴望看看学会的博物馆，因为之前它无论是在国内还是国外都享有盛誉。（我）不无羞惭地重复里面荒凉寥落的现状，祈祷有朝一日它能得以修葺一新。"[23]

10年之后，一个负责报告藏品现状的委员会发现许多动植物标本高度朽坏，特别是动物标本，那简直就是腐尸。委员会的说法是，"室内空气已是恶臭不堪，委员们都染病了"。[24]

因此，当王室将新萨姆塞特府批给皇家学会做办公场所时，这至少对部分学会会员而言是个解脱，因为那里可没有地方容纳储藏室。幸运的是，这些藏品的新家很快就找到了。1753年，大收藏家汉斯·斯隆爵士（1727—1741年曾任皇家学会会长）去世，把全部的约71000件藏品留给了国家，从而实际上创建了大英博物馆。这家博物馆也于1759年向公众开放。17世纪70年代末的某些时刻，就在学会迁往萨姆塞特府的讨论正炽的时候，理事会决定将储藏室迁往大英博物馆。这项决议并未交付会员讨论，大概是因为预见到了会有不少人反对。

1780年皇家学会迁入萨姆塞特府的时候，储藏室并未随之搬迁。而在第二年，所有藏品（约6000件）都移交、上锁、贮藏、装桶防腐运往大英博物馆。1781年11月在一次会上，某位大英博物馆的理事还宣读了一封信件，感谢皇家学会捐献了"一大笔自然产物"。[25]

* * ☆ * * *

伟大人物

"如果我看得远，那是因为我站在巨人的肩膀上"

成立之初的皇家学会每月改选一次主管，这个职位也在首创人约翰·威尔金斯和罗伯特·莫雷之间轮替。但1662年的第一张皇家特许状明言，伦敦皇家学会应当由"一名会长、一个理事会和会员们"构成。特许状还提名了首任会长，"我们万分景仰、无比信赖的布朗克子爵威廉，他也是凯瑟琳公主的至亲廷臣"。

40岁的布朗克子爵是一个盎格鲁-爱尔兰小廷臣的儿子。他的父亲因投身保皇党事业而在1645年9月赢得了爱尔兰贵族的头衔，数月之后便在牛津去世。查理二世任命年轻的布朗克做布拉干萨凯瑟琳的廷臣，这正是在报偿旧恩；布朗克获任皇家学会首任会长，大概也映照了王室对布朗克父亲一片赤诚的感激之情。抛开王室旧恩不谈，布朗克本人也是一名合格的内科医生——他在1647年获得牛津大学的医学博士学位（尽管没有证据表明他曾执业）。布朗克也是一位才华横溢的数学家。别的保皇党人在护国公统治期间追随查理二世流亡国外，布朗克子爵则在国内保持低调，不动声色地投身于数学研究。和许多数学家一样，布朗克子爵也对音乐理论兴趣浓厚，1653年，他匿名出版了笛卡儿《音乐纲要》（*Musicae Compendium*）的译本。17世纪50年代较晚时候，他与约翰·沃利斯展开合作。沃利斯是牛津的萨维尔几何学教授，布朗克子爵大概也是通过他认识了"牛津社团"的其他人。查理二世复辟后，布朗克子爵开始与流亡归来的保皇党人罗伯特·莫雷和亚历山大·布鲁斯一同参加格雷沙姆学院的讲座。他也正是借此出现在1660年11月28日的创办会议上，国王和身边的贵族们都对布朗克子爵崇敬不已。

布朗克并非挂名傀儡。他提出实验计划，自己也做实验，还协助玻意耳等人做实验。法国人塞缪尔·索尔比埃尔曾于1663年夏天造访伦敦，罗伯特·莫雷爵士引荐他参观了皇家学会。索尔比埃尔曾经记述了格雷沙姆学院某个周三下午的学会例会，是由布朗克子爵主持的。照他的说法，会议地点是一处护墙板巨大的内室。两排光秃秃的长木凳，其中一排要比另一排略高一些。木凳之前是一张桌子，桌后有炉火烘托。七八把绿布椅子围着桌子排成一圈，索尔比埃尔抵达的时候，这些椅子还没有坐人，这让他不禁认为，它们是专门留给"伟大人物"[1]的。身为学会会长的布朗克坐在屋子里唯一的扶手椅上，身旁还有他的秘书官居左负责会议记录，可能就是亨利·奥登伯格。其他成员统统"依照他们认为合理的、不需任何仪式的"方式各就各位，"如果有人在学会会员就位之后到场的话，不会有人阻挠，但他要立即找地方坐下。这样一来他发言的时候才不会被打断"。[2]会员们脱帽向主席请求发言，直至布朗克子爵发出信号他们才会戴上帽子讲话；所有人都彬彬有礼，举止得当。没有人被打断过。如果有人胆敢和邻人窃窃私语的话，"会长最小幅度的示意也会让私语戛然而止，就算他们还没说什么"。[3]

皇家学会章程规定会长任期一年，每年的选举定在11月30日的圣安德鲁节。不过，章程并未规定会长的最长连任期限，年复一年的11月，由于无人反对，布朗克子爵都继续连任。他并未意识到，霸占该职太久已经透支了他的人望。17世纪70年代中期，就有部分学会会员明确认为"高层该换人了"。1677年，布朗克子爵连续数月都未在理事会露面，也没有在格雷沙姆的周会现身。一群心怀不满的会员发动了一场"政变"，向约瑟夫·威廉森爵士（1662年的皇家学会会员）请愿，请求这位查理二世的国务大臣出任学会会长。布朗克子爵看到自己面临一场有可能输掉的竞争性选举，于是他满腔怨恨地退出竞选。重返学会的威廉森未遭反对成功就任，他也是首位更多凭借政治影响力而非科学影响力当选的会长，之后这样的会长还有很多。克里斯托弗·雷恩爵士就任副会长，他在威廉森的3年任期之内常常坐在会长席位代履其职，因为国事繁忙意味着会长本人常常要告假离开。

他们的政治生涯最终统统失败了，尤其是1679年摔落政坛的威廉森。那一年里，"教皇阴谋"引燃的怒火烧到了威廉森，他被短期囚禁于伦敦塔，丢掉了国务大臣的职位。1680年，当学会会员准备让威廉森继续连任，第四次担任会长时，他昭告世人，他不愿再当会长了。皇家学会四处寻找继任者，接触了罗伯特·玻意耳。伊夫林认为，玻意耳从一开始就应该是会长，他还说，现在"无论是疾病还是谦逊，都不能再成为他拒任的借口了"。[4]

玻意耳同意接任，但是仍有一个障碍。1673年颁布的反天主教《测试法案》（Test Act）规定，所有公职人员都必须向身为英国国教领袖的英王宣誓效忠，必须拒绝接受天主教的"圣餐变体论"教义。身为一名热心的新教教徒，玻意耳接受这两条自然毫无问题，不过和同时代许多热心的新教教徒一样，玻意耳在宣誓这个问题上遇到了困难，因为他是服膺《雅各书》（James，5：12）的："我的弟兄们，最要紧的是不可起誓；不可指着天起誓，也不可指着地起誓，无论何誓都不可起。你们说话，是，就说是；不是，就说不是，免得你们落在审判之下。"玻意耳苦苦思索了数周之久，终究还是告诉学会，他不得不拒绝会长职位的荣誉。

玻意耳的拒绝带来了一个尴尬的真空期。经过几轮紧张磋商，职位交给了克里斯托弗·雷恩爵士。1681年1月12日的理事会会议上，雷恩宣誓就职成为皇家学会会长。雷恩在此后两年里一直执掌会务，纵是费心费力的日常琐务也不回避：他是伦敦大火之后主持重建圣保罗大教堂的核心人物，也领导了一支为伦敦建起56座新教堂的团队。雷恩还是英王的工程测量师、不列颠王国最资深的建筑师。从1682年开始，雷恩负责在温彻斯特为查理二世建设一座全新的宏大宫殿，其规模要与凡尔赛宫比肩。*即便如此，雷恩还是积极参与学会各项事务，他提交的论文话题广博，从中国医学到哈得孙湾土著皆有。雷恩认为，哈得孙湾的土著可以活到140岁"不用眼镜"。[5]他还创设了解剖学、农学和宇宙志委员会，"将势必引人注目的一切事物登记在册"；他也设法解决皇家学会的财政难题，当时的财务已是捉襟见肘。很大程度上，这是因为会员忘了缴纳他们每周1先令的会费。

---

* 温彻斯特的王宫建于1683年到1685年间，但是这项工程却在查理二世去世之后全部废弃了。这座建筑后来充作战俘营，后来又成了军营，1894年毁于大火。

不交会费从一开始就是个难题。学会一直处在进退维谷的两难之中：一方面是需要吸引并留住杰出科学家和呼风唤雨的廷臣，另一方面则是不少科学家和廷臣都对出钱换取会员权利犹豫不决。雷恩决心迎难而上。第一步，让会员召集那些著名的缺席者，敦促他们付清欠款。五花八门的借口纷至沓来。威廉·佩蒂爵士说他妻子会付这笔钱。剑桥大学三一学院院长兼韦尔斯座堂教长拉尔夫·巴瑟斯特送来10英镑，并保证会在遗嘱里留一些财产给学会。七旬老诗人埃德蒙·沃勒自1663年以来就没有交一个子儿，他给学会留下一封悲伤的短信，如泣如诉地陈说了自己内战中的损失，还有抚养多名子女的花费（他有14个孩子）。身为宫廷大臣的尼古拉斯·斯图尔德听说他欠了整整11年的会费，反过头来坚称是学会搞错了总数额。

雷恩的回应则是向学会提出建议，将所有拖欠会费者的名字从出版的会员名录中一一剔除。这项举措未免太过激烈，意味着大约一半会员都将遭逐，甚至包括一些有权有势的宫廷人物。理事会于是将这项提议做了一些折中。他们的替代方案是将目标锁定在挑选出来的23名会员身上。这批人主要是那些即便离去也不会在科学或是政治上伤及学会的个别会员。很多对新哲学既无兴趣也无专才的人加入了学会，几乎就像是加入一家绅士俱乐部一样随意，新章程试图对抗这一趋势。其办法是命令理事会检核会员候选人的资质，细审"此人是不是像说的那样够格，对学会大概有没有益处"。[6]不过新章程并未解决这个难题。之后的200年

威廉·佩蒂爵士像；艾萨克·福勒绘。佩蒂是经济学家、医生、自然哲学家，也曾出任格雷沙姆学院的音乐教授。佩蒂在皇家学会的事务中发挥了杰出作用。

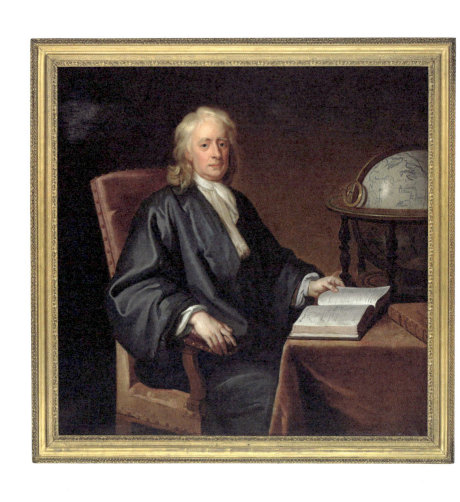

艾萨克·牛顿爵士像；以诺·希曼工作室绘。牛顿在1703—1727年出任
皇家学会会长，曾被称为"学会史上最伟大的名字"。

里，有关显贵票友是否入会的争论还将一次次浮出水面。

雷恩是17世纪末叶最后一位出任会长之职的科学革命健将。从1682年雷恩去职到1703年，皇家学会经历了8任会长。他们全是政治家、律师或行政官，在宫廷或是议会拥有足够高的声望，但无论如何称不上职业的科学家和学者。皇家学会的会务开始飘忽不定、失去重心。

但这一状况在1703年得以改变。索梅尔斯勋爵在那年结束了一连5年的会长任期，这位著名的辉格党律师、英格兰前任大法官将职位交给了艾萨克·牛顿——60岁的皇家铸币厂厂长、前剑桥大学学者、拥有国际声誉的物理学家兼数学家，用某位20世纪的皇家学会编年史家的话说，"这是学会史上最伟大的名字"。[7]

牛顿才华卓著而又行事隐秘，对一切批评都萦系于心。他早在1672年1月就已成为皇家学会会员，当时他凭借提交的一篇描述自己发明的反射望远镜的论文当选。论文在科学界引发轰动。不幸的是牛顿很快就与罗伯特·胡克交恶。长期以来胡克都对科学家同行盛气凌人，也会指摘那些他认为正在侵凌自己专业领域的人。1675年牛顿在学会宣读"光线性质解释假说"的时候，胡克站起来说这篇论文了无新意——"这篇文章的主要内容都在他（胡克）的《显微制图》里面出现过了，牛顿只不过在某些特定细节上再推进了一步而已"。[8]牛顿闻言大为光火。这件事也是两人之间终生龃龉的开端。

牛顿《自然哲学之数学原理》（*Mathematical Principles of*

Natural Philosophy）的初版收入了他的运动三定律和万有引力定律，此书似乎正是靠着皇家学会的赞助于1687年出版的。不过，天文学家埃德蒙·哈雷承担了出版发行的筹资工作。胡克宣称《自然哲学之数学原理》剽窃了他的著作，两人之间的嫌隙依旧难以化解。牛顿的名言"如果我看得远，那是因为我站在巨人的肩膀上"正是冲着胡克说的。胡克闻言登时大怒，认为这是对其短

一幅彗星运行轨迹图，摘自牛顿《自然哲学之数学原理》初版（1687）。

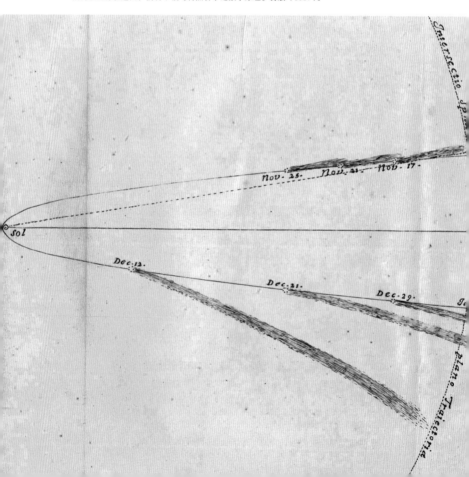

小身材的嘲讽。唯有到了1703年3月胡克去世之后，牛顿才得以一帆风顺地在学会事务里扮演更积极的角色。当年11月他当选学会会长，并一直出任此职直至1727年去世。

牛顿堪称举世无双的实验哲学家，并在皇家学会失去原动力的时候以一己之力提升了学会声誉。盘点1660年在格雷沙姆学院鲁克寓所创会的十二君子，唯有克里斯托弗·雷恩和亚伯拉

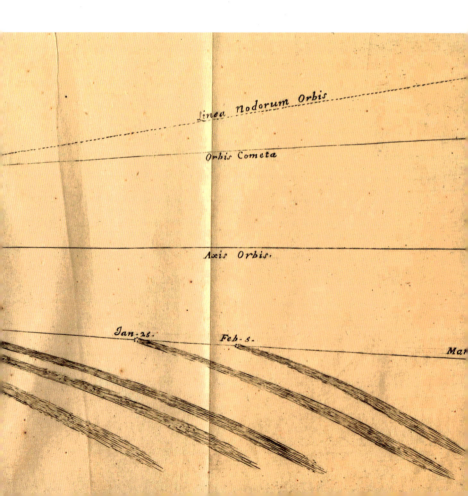

罕·希尔在1703年年末的时候仍然健在。玻意耳、亨利·奥登伯格和塞缪尔·皮普斯，这些学会早期的支持者都已不在人世。《伦敦皇家学会史》(*History of the Royal Society of London*)的作者托马斯·斯普拉特年届七旬；约翰·伊夫林则是年逾八十。牛顿为皇家学会注入了新的生命，不仅凭借他的科学成就，也依赖他所开创的履职文化和钻研精神。缺了这些，任何集体性机构都注定失败。在部分会员看来，牛顿此人既专横又傲慢。牛顿发现皇家学会的每周例会与他在铸币厂的工作有所冲突，于是就出手将例会时间从周三挪到了周四。不过他经常参加例会以及理事会议。从他当选到1726年年末，牛顿出席了175次理事会议中的161次。要知道，之前曾有三位会长甚至根本没在任何一次会议中露面。

从1727年牛顿去世到18世纪末，皇家学会经历了9任会长，他们的言思学行各有不同。有些会长取得了很高成就，无论是对皇家学会还是对英国社会来说都是如此。牛顿之后继任的汉斯·斯隆爵士就是一例，他一直担任会长之职到1741年。斯隆爵士是一名得力的管理者，他成功追回了会员们拖欠的部分未付会费——这不是一件轻松任务。此外，用18世纪皇家学会编年史家托马斯·伯奇的话说，他还是一位自成一家的热心收藏家，花费约50000英镑购买"所有国家生产的奇珍异宝。他一以贯之地努力"，就是"让这些奇珍异宝物尽其用，本人也要尽可能多地知晓它们的性能和性质。同时，他也要深入了解他所持有的一切植物、矿物或是动物的药用、食用或是制造业价值"。[9]斯隆爵士将他的

汉斯·斯隆爵士（1727—1741年出任学会会长）像；斯蒂芬·斯洛特绘。
斯隆私人收藏的科学标本最后成为大英博物馆创馆藏品的一部分。

藏品、手稿和书籍先是留给了乔治二世，如果国王不要，就给皇家学会。无论是谁收下这笔遗产，都要付给他的两个女儿20000英镑。因此国王对此并不上心，皇家学会也没钱负担。斯隆身后的受托人决定将这批遗产另外交付国家，它们也构成1753年新成立的大英博物馆初始藏品的一部分。

并不是18世纪所有的会长都拥有令人铭记的领导能力和科学成就。约翰·普林格医生（1772—1778年任会长）最知名的就是他在会上打瞌睡的习惯：

如果他有机会从牛顿座椅上醒来的话，

他就会好奇自己到了什么鬼地方啊！ [10]

* * *

如果说18世纪初的皇家学会属于牛顿的话，那么世纪末的学会就成了植物学家约瑟夫·班克斯爵士的禁脔。班克斯乃是皇家学会历史上在任时间最长的会长，1778年当选的他任职到1820年去世。

班克斯（1743—1820）对科学有着满腔激情，也有足够的财力满足其激情。1766年，23岁的班克斯就当选成为皇家学会会员，自掏腰包以自然学家的身份参与了好几次重要的远洋考察，其中又以詹姆斯·库克船长1768年的"奋进"（Endeavour）号远航著称。这趟南太平洋之行得到了皇家学会的支持，意在观测金星凌

自然学家约瑟夫·班克斯爵士像；约书亚·雷诺德斯绘。
班克斯爵士是皇家学会史上任职时间最长的会长，在他40多年的会长
任期之内绝大部分时间里施行的是铁腕统治。

班克斯昆虫标本的收藏抽屉。他收藏了4000种昆虫标本。

日、搜寻"未知的南方大陆"。1774年，班克斯加入了皇家学会理事会，并在4年之后当选会长。班克斯上任之初就烧了一把火：他确立了皇家学会的"国家策士"角色，负责向政府就科学事务进言，充当形形色色政府部门里活跃的准职能（ex officio）成员，比肩皇家天文台、经度委员会和农业委员会。班克斯与乔治三世的私人情谊无损于他的科学事业，他在苏豪广场（Soho Square）的宅邸也成为一处科学沙龙式的所在。每周四早晨，班克斯都会为抱持科学热忱的宾客准备一顿早餐宴；每周日晚上，他也会举办一场座谈会，邀请世界各地科学和政治上的领军人物前来聚首。

不过，藏在班克斯平易近人的表面背后的乃是一派专断独裁的作风。他大力维护皇家学会在英国科学界的特权地位，也极力保护自己的会长之职。学会理事会曾经提出撤换班克斯，他的回应则是出手解散了理事会。班克斯还手腕灵活地安排选举，让学会的准入机制完全依赖于他的美言：他喜欢的人就可以进入学会，不论这些人的科学地位怎么样。

正是在班克斯担任会长期间，一大批堪与学会竞逐的机构纷纷成立：1788年的林奈学会、1799年的皇家科学研究所、1807年的地质学会，还有1820年的皇家天文学会。这些新机构都对皇家学会有所冲击，至少先前投给学会的研究论文现在都另觅他处了。比如说在1830年学会就宣称，已经很多年没有收到植物学论文了，因为这些文章都改去了林奈学会。班克斯对这些新学会的态度是时而反对、时而支持。亨利·里昂在20世纪40年代的文章中认为：

只要新的机构愿意明确从属于皇家学会，并且实质上由理事会控制或是管理的话，班克斯就不会对他们有敌意；但若是这些新机构要求独立地位，完全自由处理各自事务的话，班克斯就会大加反对。[11]

尽管班克斯如此专制独裁，但他的的漫长任期还是让皇家学会得以深深渗入英国科学界的肌体之中。不过，这项成就本身就招来了不少批评。也有不少人呼吁，学会应当回到建立时的初衷，成为实验哲学理论实践的论坛。

* * * * * *

手杖和石头

"皇家学会做了什么？"

诞生之初的皇家学会极度渴望被承认。学会敦促在各个科学领域出版研究论著的会员，让他们告诉读者自己隶属皇家学会：这种做法可以同时肯定作者和研究机构。罗伯特·玻意耳的《实验自然哲学的用途》(Some Considerations Touching the Usefulness of Experimental Natural Philosophy, 1664)就在扉页声言，作者是"尊敬的罗伯特·玻意耳先生，皇家学会会员"。胡克在第二年出版的《显微制图》也依样画葫芦。约翰·伊夫林1664年撰写的重要林学论文《森林志》(Sylva)更胜一筹，它不但告诉读者这本书原来呈交皇家学会("那家杰出卓越的学会")，还明白表示此书是学会资助出版的。此外，学会主席布朗克子爵的官方许可也赫然出现在扉页背面。

大家期待1662年和1663年皇家特许状的颁布能够自然而然地为学会及其宏图赢得公众的支持。不过，这个愿望却落空了。伊夫林的《森林志》第4版在他去世的那年(1706)面世，他在前言中愤怒地捍卫了皇家学会的功绩，并抨击道："少数无知妄作、怪里怪气的丑角发出的噪声误导了公众。他们的傲慢无礼倒是与其愚蠢相称，喋喋不休地问个不停：'皇家学会做了什么？'"[1]

伊夫林的回应是表示这些攻击都是对"我们皇家创始人荣誉"的攻击，这也是会员对一切批评的标准回复。之后，他强调对真理的探寻需要时间。[2]伊夫林列举了许多试验、实验和出版物，并历数天文学、光学、植物学等领域的进步。"一股邪恶气质、一个邪恶时代，可悲地朽坏了人们的心。它侵蚀损害了所有彰显真理的标志性努力和尝试。"[3]

对于"皇家学会做了什么"这一关键问题较早做出回答的是托马斯·斯普拉特的《伦敦皇家学会史》。身为牛津大学瓦德汉学院毕业生、约翰·威尔金斯的门徒，斯普拉特应邀于1663年撰写一份声明，阐述皇家学会的旨趣和出版目标。1664年11月，他这份声明已经写得七七八八了。不过，奥登伯格和理事会都深感焦虑的是，这份声明阐述学会成就的篇幅不够。他们建立了一个委员会，负责选取印象深刻的研究论文加进声明。祸不单行，1665年和1666年侵扰伦敦的瘟疫与火灾让出版工作不得不向后推迟。直至1667年，《伦敦皇家学会史》才面世。

这本书出版之时也是斯普拉特火力全开之日。他大力抨击皇家学会的贬低者，还断言"更高级别的荣誉属于发现者，而非那些投机教条的传授者"。[4]《伦敦皇家学会史》有三部分内容：先是对自古以来自然哲学的发展历程做了一番概览，然后叙述了皇家学会的起源，最后则是对实验主义和新哲学实际价值的捍卫。学会成员的贡献主要以技术形式呈现，着重讲述知识化为实际目标的价值所在。书里面收录了胡克记录天气的计划、布朗克子爵从事枪炮后坐力研究实验的记录；还有化学家托马斯·亨肖有关制作硝石的论文。斯普拉特还列了一个长清单，列举会员发明的仪器设备：从象限仪到摆钟，再到"潜水者在水底使用的、可以清晰看到一切的新型眼镜"。[5]斯普拉特还以这句话作结："旧事物只能赠予我们一些陈旧贫瘠的术语和概念，而新哲学势必赋予我们所有生物的功用所在，也将使我们获得富饶与充盈。"[6]

斯普拉特对学会成就声嘶力竭的辩护却引发了更多的攻击。尽管他也在书的其他地方小心翼翼地表示，实验哲学家们并不是想要全盘否定过去，但他对古代权威的拒斥还是引发了猛烈攻击。同时，斯普拉特和部分学会会员的机械论取向在不少人看来也没有为上帝或是旧的宗教真理留出位置。牛津大学校方发言人罗伯特·索斯就对新科学进行了一番猛烈抨击。1667年，他还在威斯敏斯特大修道院的布道中，明里暗里对皇家学会来了一番冷嘲热讽：

> 那群不敬神、不信神、沉溺享乐的乌合之众，他们的叫嚣之声回荡全国。这帮人活着就拼命忤逆上帝，他们堪称人类的丑类、这个时代的耻辱。他们根本不是所谓的世界上最聪明的一群人（尽快他们倒是乐于这么自欺自诩）。[7]

两年之后的1669年7月，索斯在牛津大学谢尔登剧院（由克里斯托弗·雷恩设计）的落成典礼上再次开足马力攻击了皇家学会，他的用词用语还是狠厉："'（学会）专横跋扈地责难一切古代智慧……同时，可以说他们正在重新为整个世界建模'，方式就是'整合成立了一家恶魔般的学会，以便在罪恶之中捣鼓出来新的实验'，他们已经在地狱中为自己预定了位置"。[8]伊夫林就在庆典现场，他对索斯的言论愤怒不已，认为"对皇家学会的恶意攻击玷污了牛津大学"。在剧场天花板上，一幅寓言画上的"真理"将

"无知"赶了出去。乍一看，这幅画是对皇家学会及其新哲学的背书。直到有人幡然醒悟，这幅图景其实全在不容置疑的神学掌控之中：它们铁棍和石板的地位要远在真理女神身边的天象仪和望远镜之上。

英国各大学也在皇家学会的最激烈批评者之列，他们可是亚里士多德学派的堡垒所在。教会也不遑多让。17世纪下半叶的英国还有许许多多的人拒绝相信地球绕着太阳转。17世纪70年代，清教徒牧师约翰·欧文就说日心说与《圣经》绝不相容，他的立场直至1757年都得到了罗马教廷的支持。还有人认为日心说没什么大不了："白天不会因为托勒密还是哥白尼而早一点开始或是晚一点结束。"[9]

斯普拉特本人就是一位牧师，他认为基督教与科学可以完美兼容，对真理的理性探寻只会巩固英国国教。1668年在亨利·奥登伯格的推动之下，另一位牧师约瑟夫·格兰维尔（1664年入会）出版了《通向更远——亚里士多德时代以来知识的增长和进步》（ *Plus Ultra: or the Progress and Advancement of Knowledge Since the Days of Aristotle* ）。格兰维尔在书中重申了斯普拉特的论点，他的措辞甚至更为激烈。照他的说法，皇家学会诚心诚意承认"博学科学家们"做出的杰出贡献，不过他并不乐见"科学家理当建立起主宰人类理性的绝对帝国"。[10]

皇家学会可以用足够一贯的态度——回击针对他们的指控：学会滋养了无神论；学会忽视了古代教诲中仍有意义的那部分内容；学会侵蚀了世界秩序。不过成员们发现，要想自卫反击更为

托马斯·斯普拉特《皇家学会史》的卷首插图。

约翰·伊夫林设计。它中间刻画的是查理二世半身像，右边的是弗朗

西斯·培根，左边的是布朗克子爵。

隐晦狡猾的某种批评嘲讽——就大为困难了。斯普拉特曾在《皇家学会史》里承认了这个威胁。"我相信，新哲学无须……惧怕黯淡或是忧伤，"他写道，"就像不必惧怕幽默一样。因为这些情绪……也许会比我们对手那些严厉、乖戾而又武断的论点造成更大的伤害。"[11]

从学会建立伊始，会员们就对嘲讽特别敏感。创始会员威廉·佩蒂毕生难忘的一幕发生在白厅的约克公爵密室：查理二世放声大笑，说格雷沙姆学院那些人"别的事情一点没做，花了那么多时间只为了称称空气重量"。[12]10年之后，佩蒂在皇家学会的一次讲话中还几乎一字不差地回忆起了这句嘲讽。即使他们的皇家赞助人说的笑话很有杀伤力，但也比不上公开嘲弄更伤人。1676年5月，约克公爵旗下剧团上演了一出托马斯·沙德维尔撰写的新剧，地点是舰队街的多塞特花园。这部剧叫《名家》（Virtuoso），与标题相称的主角是尼古拉斯·吉姆克拉克爵士，"全世界最杰出的好学深思绅士"。吉姆克拉克的实验总能让观众开怀大笑。这位名家花了大把时间，用他的显微镜观测干酪螨，还将血液从一只羊输到一名疯人身上："这名病人本来疯疯癫癫或是狂怒不已，输血之后变得百依百顺，换句话说，完全如绵羊一般。他总是如小羊一样咩咩叫唤，咀嚼反刍他的食物，他的身上长出了大量密集的羊毛，一条北安普敦绵羊的尾巴也很快在他的肛门那里长了 / 突了出来。"[13]吉姆克拉克还凭借燃烧腐烂猪腿发出的光线阅读日内瓦版《圣经》；他成功地切下了一只动物的气管，靠着一对风箱向肺里吹气就让这只动物继续存活；他还准备绘制一幅月球地图。凭借自己花园里支起来的望远镜，他可以看到：

> （月表）所有山峦叠嶂之地、峡谷和海洋。不但如此，还有各种体态庞大的动物，比如大象和骆驼。公共建筑和船只也很容易就看到了。他们（月球人）拥有巨大的枪炮，也用上了火药。在月面上，他们与大象作战，攻打城堡。我都看到了。[14]

听着令人匪夷所思？也许吧。不过，吉姆克拉克嘴里的实验都能在皇家学会名下的著作中找到原型。显微镜下的螨虫，这指的是胡克的《显微制图》。托马斯·考克斯则在1667年5月的《自然科学会报》上发表了他在狗与狗之间进行输血实验的报告；如前所述，理查德·罗尔和埃德蒙·金都曾把绵羊血液输入到人体；同一年的稍晚时候，亚瑟·科加也做了同样的实验。玻意耳所谓"有关发光之肉的观测"则是源自助手对他食物橱柜里一只小牛发光脖颈的发现，相关观测记录登在了1672年12月的《自然科学会报》上。胡克用一对风箱连上一根导管插进了一条狗的气管，就这样让狗一直活着，并在1664年实施了活体解剖。克里斯托弗·雷恩则在17世纪60年代初制作了一个月球模型。早在1638年，威尔金斯就出版了《探索月球上的另一个世界》（*The Discovery of a World in the Moon*）。

这类讽刺比单纯的论辩还要伤人，因为它太过公开化了。1676年6月的某周五晚上，胡克去看了话剧《名家》，他的感觉是惊骇尴尬。"人们几乎是直接针对（学会），"他当晚在日记里骂道，"该死的疯狗。"[15]沙德维尔的戏剧在此后的30年里定期上演，吉姆克拉克也成了愚蠢自然哲学家的代名词。在17世纪末威廉·沃顿（1687年入会）就哀叹了"格雷沙姆之人"所受的伤害。沃顿认为，局面依然是"所有被称为名家的人，都得成为尼古拉斯·吉姆克拉克爵士……没有什么比一个段子更能伤人骨髓的了。"他接着说："人一旦成为滑稽可笑的东西，他们的劳作就会被蔑视，效仿他们的人也会大为减少。"[16]

这部戏剧惹来的痛苦烦恼甚至还要更大。原因在于，沙德维尔演绎的名家可以在许多与奥登伯格通信的国内会员中找到原型，他们定期会寄来味道腐朽的标本和怪胎的出生记录。不过，沙德维尔的角色恰恰代表了皇家学会反对的一切东西——纯粹出于好奇的求知，为学问而学问、不计效益和实用的观点。

皇家学会被误会成了世界上那些吉姆克拉克聚集的俱乐部，这种形象也在长时期内挥之不去。1704年，乔纳森·斯威夫特出版的《一只木桶的故事》（Tale of a Tub）就收入了一段对现代科学的谐谑。斯威夫特也运用了《自然科学会报》里一些稀奇古怪的例证。1726年斯威夫特与艾萨克·牛顿争吵方炽，他转过头来在《格列佛游记》里对学会大加挞伐。格列佛的第三次远航将他带到了飞岛"勒皮他"（Laputa），那里的居民乃是数学、天文学和仪器制造专家。不过这些专家却未能把他们的发现付诸一丝一毫的实用。比如说，他们的衣服并不合身，因为他们用象限仪和指南针量体裁衣，而不是用卷尺。斯威夫特在这里故技重施，用那些思辨科学的案例把《自然科学会报》批了个体无完肤。进入18世纪之后，《自然科学会报》也成为讽刺作家的某种素材库。1743年1月，一本名为《几篇适合在皇×学会宣读的论文》(*Some Papers Proper to be Read before the R---l Society*) 的小册子面世。亨利·菲尔丁在其中发表的一篇"论文"就拿学会开涮了。这篇文章记述了日内瓦自然学家亚伯拉罕·特伦布利有关淡水珊瑚虫的观测，及其"令人惊异的特性：切成好几块之后，每一块都能成长为完整的动物"。[17]在菲尔丁的讽刺里，这只珊瑚虫成了一几尼金币，它那稀奇古怪的自我复制也成为讽刺作家攻击守财奴和放债人的利器。

对皇家学会最为滑稽的描绘出自约翰·希尔爵士之手，他是一名热衷自然科学的医生兼记者。屡次申请加入皇家学会被拒之后，希尔爵士愤而写下一系列文章，攻击讽刺学会的工作。1750年，他向学会提交了一份名为《无性怀孕》(*Lucina sine concubitu*) 的恶作剧论文。希尔爵士在文中声称，他仅仅给女仆定量服用了一片含有"微生物"的配制剂就让她怀孕了，他正是在空气中发现了这种微生物。希尔爵士也出言攻击了皇家学会会长、古物学家马丁·福尔克斯。在希尔的笔下，福尔克斯在多个学问领域都是能人，"但不幸的是，他没有任何一种学问足以同皇家学会的事情挂钩或是关联"。[18]希尔还描绘了福尔克斯如何"忘乎所以地因为自己办公室的荣誉而膨胀了一倍"，如何在鹤苑主持一次枯燥的会议。会上宣读一篇乏味的论文之时，会长大人"自然而然地像晚饭吃撑了或是听到无趣论点一样，全程酣然入睡"。[19]而在会议结束后，绝大多数会员都撤到附近的一家咖啡馆，彼此交换信息：

> 我们颇为艰难地坐了下来。有位绅士开始讲故事了，他告诉我们，一名女士服用了一小勺他制作的安虫散，就从体内排出了一只长着翅膀、挥着利爪的怪物；第二位绅士则说，他从某个患者的胸口取出了一头活狼；第三位绅士则说，他从一块大理石里搞出了一只蟾蜍。[20]

就像此前的讽刺作家一样，希尔也一直在引述《自然科学会报》。他撰写的《伦敦皇家学会工作评论》（ *Review of the Works of the Royal Society of London* ）于1751年出版，系统性地解读了数十篇《自然科学会报》论文，从"一种让鱼保鲜的办法"到"学习唱歌的新方法"，再到"男性人鱼记录"都有。[21]

没有证据表明这些攻击吓跑了潜在的会员，或对皇家学会这个机构造成了什么持久的伤害。讥刺之语伤害了一些会员的自尊，但如果说这些攻击有什么价值的话，那就是点出了学会从成立之初就显而易见的一种倾向：沉浸在稀有新奇之物里的狂喜。他们探寻的乃是非常瑰奇之观，而不是什么严肃科学。

古物学家兼自然哲学家马丁·福尔克斯（1741—1752年担任会长）像；威廉·贺加斯绘。
福尔克斯并不拥有一副科学头脑。某评论家认为："福尔克斯在多个学问领域都是能人，
但不幸的是，他没有任何一种学问足以同皇家学会的事情挂钩或是关联。"

NVL   IN   ERB

* * * * * *

改革

"多年以来，皇家学会都在某个团体或是某个圈子的掌控之中"

1820年约瑟夫·班克斯去世，在之后的10年里（甚至在他去世之前的10年里就是如此），皇家学会在萨姆塞特府里的会议已经沦为毫无启发的例行公事。根据学会章程，普通会议安排在每周四晚上八点进行，大约一个小时——"由会长酌情裁示时间"。[1]因此在每周四，会员们——那些会对出席会议颇感厌烦的人——就会鱼贯进入萨姆塞特府里的皇家学会会议室，目睹会长和两位秘书在一条长桌后就座。桌子上放着查理二世的巨型银镀金权杖。大家会等候片刻，在宣读应邀列席晚上会议者的名单时，那些列席人员就会从隔壁房间走进来，在会议室内两边的中立坐席就座。

等到全体就座之后，一名秘书就会宣读上次会议的记录，"内容全都是重复同事在前一晚的宣读，但是篇幅要少得多"。[2]会长点头同意后，另一位秘书负责宣读一份参加学会会员选举的候选人名单，随后投票开始。助理秘书会拿着投票箱在室内绕场一周，各位会员向"同意"或是"反对"的抽屉里放置小球。这套程序进行之时，秘书会长之间互相颔首致意，这是开始宣读某篇论文的信号。会员和访客在此期间就开始睡觉了。助理秘书会打断他们文雅的鼾声，"并将投票箱呈奉到不动声色、稳如泰山的会员面前请他投票"。论文宣读同样可能会被打断（常常是在话说一半时），因为会长要唱票公布"同意"和"反对"两抽屉里的小球数量，将成功当选的候选人公之于众。如果还有更多候选人的话，这套流程还将反复进行，以一次次"打断"结束，直至萨姆塞特府的钟声响起，宣告会议结束。"没有一名在场会员……对这套程序有一丁点儿参与"。[3]这里没有实验，没有讨论，也没有辩论。

对皇家学会的批评者而言，学会会务之少要归结到其选举富人做会员的积习。学会的算盘是，就算他们不怎么懂科学，至少也能期待他们为了会员资格慷慨解囊。之后的历任会长都对这一政策不加掩饰，有时还会执行得很出格。比如说，罗德里克·默奇森爵士1826年当选皇家学会会员之时，会长汉弗莱·戴维爵士就详细备至地向他解释说，他的当选与他的科学工作毫无关系（默奇森是个地质学家），而是全要归功于他的个人财富。

19世纪30年代的皇家学会见证了三波强烈的改革诉求。第一波来自查尔斯·巴贝奇，剑桥大学卢卡斯数学讲席教授，今天他最为人所知的身份是自动计算机的发明者，这是一种早期形态的计算机。巴贝奇在他228页的《对英格兰科学衰落及其相关原因的反思》（*Reflections on the Decline of Science in England and on Some of its Causes*）一书中用了一半以上的篇幅论述皇家学会及其过失。巴贝奇还对当时的会长、应用数学家兼传统主义者戴维斯·基尔伯特发动了一场人身攻击——"为什么戴维斯·基尔伯特先生成为皇家学会会长？我很难说个清楚"[4]——同时用一个又一个不甚称职和管理不善的实例，质疑了学会各位秘书的记录能力（还有正直品质）。巴贝奇将这些弊病归咎于会长和理事会对准入权的滥用，把这帮人归结为一个自我固化的精英群体：

下页图
皇家学会在萨姆塞特府的一次会议，约1844年。会员和访客端坐长凳，面向会长；权杖放在室内正中央的长桌上。一只投票箱正在绕场。

多年以来，皇家学会都在某个团体或是某个圈子的掌控之中……和其他所有团体一样，他们的最大目标就是保有自身的权力，并且尽可能多地在其会员内部分赃取利。皇家学会总是由一些资质极为平庸的人组成，他们处心积虑，可以在任何时候使自己与其他才华更胜者结合到一起，条件是这些更有能力的人不和整个体系作对。[5]

巴贝奇的解决方案是付出更多精力控制获批入会者的人数，"让当选成为科学之士们雄心勃勃的目标"。巴贝奇倡议，公开区分两种会员：一种是确实向《自然科学会报》投递过稿件的人（19世纪20年代末，这个数字总计有109人，而学会会员总人数是714人），另一种则是那些并未投稿的人。理事会驳回了这项计划，理由是那些没投稿的人恐怕不会高兴。

《对科学衰落的几点反思》（Reflections on the Decline of Science）于1830年5月写成。5月20日，巴贝奇在皇家学会气氛热烈的会议上宣读了这篇文章。巴贝奇得到的答谢可以想象，那是"咬牙切齿"式的。不过，至少这次会议并不像平常那样乏味。其中一名会员投书《泰晤士报》质问，会长用"天上的上帝知道"这样的语句是否恰当。约翰·赫歇尔是巴贝奇的密友，也曾读过巴贝奇文章的初稿。赫歇尔竟在私下里表示，他很想给巴贝奇来一耳光。从此，巴贝奇就不再出席皇家学会的大小会议。

事情到这里还没完。等到11月，天文学家詹姆斯·索斯爵士出版了一本杀气腾腾的小册子，名为《对皇家学会会长和理事会的各项指控》（*Charges Against the President and Council of the Royal Society*）。索斯提出了36条指控，其中不少指控都与巴贝奇的彼此呼应。他指控基尔伯特和理事会篡改理事会的会议记录，压制会员制度改革的合法请求。不过，索斯还是将矛头对准了他们对国王的不敬，"给那些赢得奖项的人带去的不是皇家奖章，而是空的盒子"；浪费大量钱财于酒馆账单——按照索斯绘声绘色的说法，他们将数百英镑学会经费变成了"银鱼、玫瑰香水和白葡萄酒"。[6]

在同一个月，也就是1830年11月，一位自称仅仅是"687名皇家学会会员之一"的匿名作者发布了《群龙无首的科学——起底皇家学会》（*Science Without A Head: or, The Royal Society Dissected*）。作者是在意大利米兰出生的奥古斯都·博奇·格兰维尔，一名富有统计思维的医生。他用一幅幅图表逐一列举各会员的情况，展示他们的背景和职业，说明他们是不是曾向《自然科学会报》投稿。格兰维尔的研究显示，63名现任的贵族会员压根就没有写过一篇论文；10位主教发表了9篇论文（但它们其实都出自一人之手，那就是克洛因的天文学家主教约翰·布林克利）；学会中的66名陆海军会员发表了35篇论文，尽管其中25篇都出自两名陆军上尉之笔；牧师传统上是科学名家的职业，但是74名牧师只能拿出8篇文章来增进自然知识，"也就是说，每人只有0.108篇"，格兰维尔有力地指出。[7]

格兰维尔继续着他的清单。内外科医生一直占据着大比例的

会员席位。彼时的学会有100名医生，他们一共贡献了200篇文章。尽管其中109篇都是一个人写的：埃弗拉德·霍姆爵士。[*]63位律师则在《自然科学会报》上发表了28篇文章。余下的286名会员并无什么显眼的职业（尽管这不意味着他们都是一帮闲汉——有人是仪器制造者、商人，还有人是教师），他们一共投稿187篇，不过有238人却毫无作为。格兰维尔从中得出的结论是，绝大多数会员都不称职：

> 历数我呈现给公众的这几百位会员，其中很少有会员（的确是少之又少）在当选之时或者甚至是在此时此刻，有过哪怕一丝一毫科学之士的期许——很少有人可以被期许成为有用和有价值的会员——很少有人把入会看得多重，除非是冲着授予他们的头衔而来。"皇家学会会员"的名号一度曾被视为一项殊荣。[8]

格兰维尔认为，解决方案就是把学会人数限制在600人；同时将他们分门别类——数学、天文学、化学等，每个组别都有固定人数。规模最大的组别乃是有130人之多的"自由组"（free class），他们尽管不是科学家，"但对科学兴味盎然，热切期待以某种形式增进或是赞助科学"。[9]换句话说，这些人就是出钱的赞助人。

---

[*] 霍姆1832年死后，怀疑之声四起，认为其绝大多数论文都剽窃自己死去的姐夫，外科医生兼解剖学家约翰·亨特。

数学家查尔斯·巴贝奇是个大声疾呼的批评者，他疾言厉色地批评19世纪20年代皇家学会的运行模式。巴贝奇认为，把持皇家学会的是个小圈子，他们的主要目标就是维系自身权力。

皇家学会的批评者发现，他们内部也很难达成一致。格兰维尔攻击巴贝奇和索斯"满腹牢骚"的改革路径；索斯指责格兰维尔"皇家学会会长不需要是科学家"的提议，还投书《泰晤士报》说，写作《群龙无首的科学》的人乃是"一个没有科学的头颅"。

这一场场改革之争发生在同一个历史背景之中：竞逐会长之职的尴尬之争。戴维斯·基尔伯特决定在1830年去职，他也像历任会长一样，以颇不民主的作风选择了自己的继任者——苏塞克斯公爵奥古斯都·弗雷德里克亲王，也就是英王威廉四世的弟弟。

消息一出，舆论哗然。支持和反对公爵的各种声浪早在11月的选举前夕就在公众面前吵个不停了。外科医生兼古物学家托马斯·佩蒂格鲁深深介入了提名公爵的相关交涉，他在《泰晤士报》的专栏文章中力陈自己的理由。佩蒂格鲁认为，亲王大人的"爱国热忱和强烈愿望都对自己国家的荣光和繁盛善莫大焉……他也极其适合坐上这个位子，出任英国第一个科学机构的要职"。[10]匿名的"皇家学会会员"对此的回应是怒不可遏，他对公爵提名中的疏于咨商大加指责。"有志于接掌牛顿席位的人只能将他的雄心壮志寄托于一个怠慢其位者的推荐上（即基尔伯特）"。[11]小道消息专栏预测，公爵势将辞任，并慷慨大度地支持改革者。

"并不存在一条通往学问的所谓皇家捷径，"有人说，"为什么那些本该由学识授予的至高荣誉要存在捷径？"[12]詹姆斯·索斯爵

天文学家兼数学家约翰·赫歇尔爵士和两个女儿在一起，他一共有12名子女。1830年，赫歇尔竞选皇家学会会长，但以些微差距败给了英王威廉四世的弟弟苏塞克斯公爵。

士对皇家学会管理模式的攻击炸开了锅，成为本次公众热议的核心。媒体兴致勃勃地报道了11月25日周会上的争吵：这次争吵以索斯的愤而离席告终。

公爵的地位并没有吓倒改革者，后者决心要让一名科学家来领导他们。改革者在最后关头说服了杰出的天文学家约翰·赫歇尔爵士站出来与公爵竞选。这招来了不少诽谤之语、恐吓信和对赫歇尔"忘恩负义"行为的指控，这是因为赫歇尔和他的父亲威廉*都曾经从皇室赞助中受惠颇多。面对压力的赫歇尔并未退让，11月30日的选举也成了一场激烈的竞逐。苏塞克斯公爵以119比111的票数胜出，这反映了皇家学会旧制度的捍卫者与那些渴望科学成就甚于社会地位的人的分歧，选举也造成了令人不快的后续效应。《泰晤士报》放话说，"帝国第一家科学机构迎来了一名亲王，错失了一位哲学家"，甚至还鼓动公爵辞职。[13]

后来的事实证明，苏塞克斯公爵在他8年的任期里是个相当优秀的会长，对会务也积极投入。至少在健康状况不佳和视力下降让他无法主持理事会会议之前，他在任期的头4年里相当活跃。但尽管如此，会员们重新聚焦科学的愿望还是一直存在。1846年，改革者最终成功地发动了一次章程修订行动，并在1847年2月10日票决通过。

乍一看来，1847年的改变微乎其微。根据那些可以追溯到

---

* 威廉·赫歇尔（1738—1822），天文学家兼望远镜制造者。1781年他发现了天王星，并因此获任为英王乔治三世的宫廷天文学家。同年，他当选为皇家学会会员。

1730年的章程，会员候选人只需提交一份证明文件，上面写上他们的入会资格和3位推荐者的姓名。这套流程会在萨姆塞特府的会议室里进行，如果10个星期之内没有会员反对的话，候选人就自动当选。对于同一年里可以当选的会员人数，学会并无限制。一年当选三四十名新会员的事情堪称家常便饭，而在新会员里科学家却只能占据少数，平均下来要少于总会员数的三分之一。

1847年的章程规定，一名候选人的证明书需要6位会员签名，其中至少3人应当对他有私人了解。选举每年一次，定在6月3日。候选人的姓名和他们的推荐人、赞同人的名单将会打印出来，从5月第一周开始公示，任何一个自然年只能有15名候选人当选。理事会以无记名投票从中选出第二份名单，再遍传各个会员。第二份名单会收入理事会的推荐词，再附上一份标出选举日期与时间的信件。尽管理事会仍然控制大部分进程，上述改革还是成功将一部分权力下放给了普通会员，但更重要的是，这套机制引入了遴选元素。如果只有15名会员可以入围的话，那么就很难辩解吸纳半吊子票友入会，而排除学有专精的科学家的理由。会员人数随之骤降，从1847年的750多人降到了19世纪末的450多人。而在同时，科学家会员相比非科学家会员的比例迅速上升，到1860年时已在皇家学会史上第一次占据了多数。时至40年后的19世纪末，非科学家会员的人数已经降到了仅有20人。（每年）新会员人数的上限也逐渐上涨，在本书写作期间，这个数字维持在52个，新任外籍会员的人数也增加到了多达10人。候选人必须"在增进

自然知识，包括数学、工程学和医学上有着重大贡献"，竞争也颇为惨烈。2017年有约660名候选人竞逐会员，其中有90人争取外籍会员。

＊　＊　＊

1847年的章程修订也标志着皇家学会性质的一大根本性转变：从一家科学俱乐部转为专业学者组成的科学学会。从此之后，会长都是由才资卓越的科学之士出任，如果他们恰好富裕高贵（有时确实如此）的话，那就更好了。从1915年以来，会长通常都由诺贝尔奖得主担任。杰出的植物学家约瑟夫·道尔顿·胡克爵士（1873—1878年间担任会长）创下了一个先例，那就是会长任期不得超过5年。这样一来，再也没人可以实现约瑟夫·班克斯爵士任职42年的那种威权统治了。

1852年，皇家学会在萨姆塞特府的空间已经过载，主要是因为那里的图书数量过多。学会请求政府，希望能像其他皇室认证的科学学会一样，拥有更为宽敞的基址（比如林奈学会、皇家地质学会、皇家天文学会和皇家化学学会）。经过漫长的几轮谈判，皇家学会终于获得位于皮卡迪利大街伯灵顿府的主建筑，条件是林奈学会和皇家化学学会也一起搬进这栋建筑。三家机构于1857年一起迁入，但仅仅过了10年政府就宣布，它将把伯灵顿府授予

1830年到1838年间出任皇家学会会长的苏塞克斯公爵。尽管公爵大人并无科学背景，但事实证明他是一名让所有人都大呼意外的好会长。这幅肖像画由托马斯·菲利普斯绘制，约1838年。

位于皮卡迪利大道的伯灵顿府，摄于1888年左右。1873年，皇家学会搬进了伯灵顿府焕然一新的特建基址，并在那里一直待到1967年。正是在那一年，皇家学会搬进了今天的地址：卡尔顿府。

皇家艺术学院。当时的皇家艺术学院也颇为难堪地与国家美术馆一起挤在特拉法尔加广场。各家学会并不会被踢出伯灵顿府，而是将搬入两侧新建的翼楼里。这两座楼完工于1873年，皇家学会也在同年搬进了伯灵顿府的东翼楼这个专为其建成的新址。

有了新家，更严肃的新目标，以及主要由出类拔萃的科学家组成的会员，皇家学会进入了史上的新阶段。地质学家兼学会史家亨利·里昂斯爵士很清楚维多利亚时代这些改革的意义："时至19世纪末，克服诸多反对声浪和冷漠之后的皇家学会已然意识到了创始人的初衷，学会也最终成为一家促进自然科学的机构。"[14]

＊ ＊ ＊ ＊ ＊ ＊

异域

"向南极发现大陆"

从成立那一刻起皇家学会就具备国际化的一面，它的信息触角伸向外国各地，要么靠着它的通信网络，要么就干脆求教于旅行者和航海船长，请他们留意自然珍宝和域外花卉。比如在1670年2月，约翰·温斯洛普的信件就让会员们兴奋不已。身为康涅狄格总督的温斯洛普也是学会史上第一位殖民地会员，他寄来的包裹装着41种奇珍，从美洲当地贝壳标本，到"弗吉尼亚树上生长的一种珍奇苔藓"，到一对飞鼠，再到一些印第安玉米穗都有。[1]有的时候亨利·奥登伯格会递给同情皇家学会的旅行者一份详尽的问卷，让他们在旅途中随身携带。1670年哈得孙湾公司成立之后，学会秘书就给了统领公司前往东哈得孙湾初次远征的新英格兰海船船长扎卡里亚·吉拉姆一页长长的问题清单，要他回答诸如潮汐、地磁偏转和海狸习性的问题。吉拉姆给出了全面的答案。谈到公司接触的当地人时，吉拉姆的说法是这些人过着流浪生活，寿命有"120岁"，喝鹿肉汤。他们也喜欢洗我们今天所说的桑拿浴：

至于康复术，他们的办法主要是出汗。办法不是什么内科，而是在帐篷里制作一种火炉，将许多石头都烫得火热。紧接着，他们向自己身上洒水，这样就可以大量出汗。一旦出汗他们就会坐一会儿，然后跑到雪地里，说他们刚刚由热气打开的毛孔再次关上了。[2]

皇家学会的下一步就是发起远距离探险。1698年到1701年间，天文学家哈雷（后来预测到彗星复现的人，那颗彗星至今以他的名字命名）三次以皇家海军"帕拉摩尔"号（HMS *Paramore*）船长的身份远航，旨在增进对"经度与罗盘变化的知识"。[3]这三次远航都是皇家海军行动，哈雷也被任命为皇家海军的一名全权船长；不过，他们还是得到了皇家学会的官方支持，被称作大概是"最早的纯科考海洋旅行"。[4]

会员们频频加入通往辽远之地的科学探险或者那些让他们得以进行科学考察的军事商业远航。1687年汉斯·斯隆前往西印度群岛，出任牙买加新任总督的内科医生。后来，斯隆出版了一本牙买加当地的植物图录。约瑟夫·班克斯则在年方23岁的时候就搭乘皇家海军小型护卫舰"尼日尔"号（HMS *Niger*）出海考察，这艘舰船1766—1767年正在纽芬兰和拉布拉多的渔场巡逻。

皇家学会发起的第一次大型科学考察（尽管靠着皇家海军的大量协助）也在18世纪60年代扬帆起航。1761年，皇家学会派遣内维尔·马斯基林前往圣赫勒拿岛，观测金星凌日。这一天象一百多年来一直让科学家们心驰神往，因为这是人们精确估测地日距离的一种手段。浓重的云雾让马斯基林的旅程不算成功，但是根据推算，1769年还有下一次金星凌日——再下次则在105年之后——纵贯整个18世纪60年代，皇家学会都在为观测两个半球的凌日现象游说奔波。通往大南海（South Seas）的航程看起来特别能出成果，因为它不仅带来了观测凌日的前景，也寄托着人们"在大太平洋打造定居点，或是……向南极发现大陆"的可能性。[5]1766年，学会

一部展示金星凌日的太阳系仪，1761 年由伦敦测量
员兼仪器制造商本杰明·科尔制作。

成立了一个委员会，"派遣天文学家前往世界各地观测金星凌日"。两年之后，皇家学会还向英王乔治三世递交了一份备忘录，呼吁国王为了英国的利益、荣誉和世界地位，派出舰船向北探索直至哈得孙湾和北角，同时也派出舰船一路向南。[6]费用预计在4000英镑左右，这还不算船只运载观察者来回的所需费用。为了到达观测在1769年6月3日发生的凌日现象的位置，这趟向南之行就得在1768年夏天启程。备忘录强调，"皇家学会没有任何条件支付这笔开销，他们的年收入甚至很难足够冲抵自身会务所需"。[7]

英王同意以个人名义捐出4000英镑，海军部也为这次远航购买了一艘368吨级的惠特比运煤船，"彭布罗克伯爵"号（ *Earl of Pembroke* ）。约瑟夫·班克斯看到了探索南太平洋自然志的大好机会，于是他提议资助一个附属团队随船远航。当1768年5月"彭布罗克伯爵"号下锚并改名为"奋进"号时，詹姆斯·库克也被任命为这艘船的船长。

库克船长和皇家学会任命的天文学家查尔斯·格林一起，按期完成了他们在塔希提岛的观测。不过，"奋进"号的航行还有另一重意义：金星凌日之后，库克船长依循所谓对他的"额外指示"一路向南航行，接着又掉头向西，搜寻南方大洋之中的那块大陆。库克勘察了新西兰的北岛和南岛、澳大利亚东海岸，并以英王乔治三世的名义占领了澳大利亚东海岸地区，将其命名为"新南威尔士"。"植物学湾"则是得名于约瑟夫·班克斯及其团队在那里发现的数量巨大的植物。"奋进"号也在1771年6月成功返航英格兰。

抛开库克船长的"额外指示"及其帝国主义潜台词不谈，"奋进"号之旅堪称皇家学会史上最伟大的科学探险行动。这次航行将皇家学会置于18世纪杰出的探索之旅的中心地位，班克斯本人在南太平洋植物学、动物学和人种学上的观察也因此具备了永恒价值。

19世纪的皇家学会仍然持续支持着各个会员在科学探险领域的工作，有时甚至会抢走会员的功劳。爱德华·萨宾（1788—1883）是探究地磁成因的先驱改革者，他做过皇家学会的秘书、外事秘书、司库、副会长，最终成为学会会长。萨宾对詹姆斯·克拉克·罗斯在1839—1843年间的伟大南极探索之旅贡献很大，他不但推动了两艘加固破冰船"黑暗界"号（Erebus）和"恐怖"号（Terror）的下水，也说服了皇家学会支持这次科考。同样，萨宾成功地借助皇家学会之力，在大英帝国境内建成了一系列地磁观测站。这些站点的运营人员虽是陆、海两军士兵，但实际上掌控他们的乃是萨宾本人。

1819年到1891年间，皇家学会支持了9次科学考察，北极、南极和非洲大陆各3次。这9次考察都带来了丰硕的科学成果，有几次堪称意义重大，比如蒸汽船"挑战者"号（Challenger）的那次。1872年，"挑战者"号带着探索海洋动物学和海洋学的使命起航，一路南行到开普敦，再进入南极圈内，旋即转向新西兰和太平洋，最后穿越麦哲伦海峡掉头返航。一路上"挑战者"号搜集海水样品，在深达3000英寻（约5487米）的海水中搜寻海洋生物。其丰硕的科考成果对现代海洋科学至关重要，以至于皇家学会还成立了一个专门的"挑战者号委员会"来督导相关论著的出版工作。这一进程一直延续了24年。

不过约瑟夫·班克斯的忧虑不无道理，那就是来自新成立的各学会的竞争。1874年观测金星凌日的远征，就是在皇家天文学会的庇荫下进行的；19世纪90年代推动国家南极考察的一项倡议，也是由皇家地理学会而非皇家学会提出的。尽管两家机构创立了联合组委会，但他们各自的代表还是彼此心生龃龉。皇家地理学会在1901年更进一步，他们的会员候选人、年轻的罗伯特·法尔考·斯科特就以一己之力承担起了闻名于世的"探索"号科考行动。皇家学会在斯科特及其团队出发前往南极之前，用一场丰盛的晚宴招待了他们。作为回报，斯科特在乘着"探索"号抵达麦克默多湾时，把他看到的高耸入云的西面山岭命名为"皇家学会山脉"。欧内斯特·沙克尔顿也是斯科特1901年探险队的一员，他本人于1907—1909年在进行英国南极探险的时候甚至懒得向皇家学会申领资金（他曾经询问皇家学会是不是可以借一件磁力仪，但皇家学会却驳回了他的请求，因为这件仪器已经送去别处了）。

以探索为主要目的的远征行动已经超出皇家学会的管辖范围，尽管学会常常在科学建议和精神支持上扮演着关键角色。这些科

下页图
斯蒂芬·皮尔斯1851年有关"北极委员会"的画作。北极委员会是一个就北极探险事宜向海军部提供建议的非正式专家群体。爱德华·萨宾爵士（右起第四人）是1861—1871年在任的皇家学会会长。

学考察牵涉的人员往往有皇家学会会员，或是即将成为会员的人。比如，沙克尔顿1907年的远征队里就有皇家学会会员 T. W. 艾德杰沃斯·大卫教授，他不但抵达了南磁极，还登上了埃里伯斯山山顶。19世纪20年代一支探索马尔维纳斯群岛*周边滥渔区的远征队里，至少5人后来都当选为皇家学会会员。

更罕见的是，皇家学会也发动了一场场远征。1936年，学会发起的一支远征队花了4个月时间抵达蒙谢拉特岛进行一系列地震观测，以便在岛上的大火山发生任何重大变动的时候提供纵向比较的基准。20世纪50年代，皇家学会还在南极洲设立了一家地球物理天文台，这也是英国对国际地球物理年的献礼（这一物理年其实延续了18个月，从1957年7月1日到1958年12月31日），经费由英国财政部拨付。先遣队抵达的海湾被命名为哈雷湾，以纪念1956年刚刚度过300年诞辰的埃德蒙·哈雷。随后在1958年，皇家学会发动了战后的第二次远征，这次小型科考的目标是智利东南地区，旨在调查新西兰生物学和南美洲南端之间的关系。

发动两次考察行动给皇家学会带来了丰厚经验，理事会遂在1959年批准设立了科学考察咨询服务部和远征探险部。之后三四十年里，皇家学会进行了一系列海外项目，有时候独自进行，有时则与其他机构合作。1965年，学会向所罗门群岛派出了一支雄心勃勃的生物探险队；20世纪80年代，学会又在加里曼丹岛北

★ 英方称"福克兰群岛"。——编者注

部雨林上马了一项长期研究计划。地质学家在特里斯坦·达库尼亚群岛研究火山活动；生物学家则在阿尔达布拉环礁设立一家考察站，研究印度洋巨海龟的交配场地。

17世纪的哈雷灵机一动，由此绽放的鲜艳之花一路流传，却在20世纪末放慢了绽放的步伐。远距探险变得前所未有的复杂，涉及的学科不断增加，在意识形态上也存在顾虑。虽然个别会员发起的研究性远征延续至今，皇家学会的远征还是在20世纪90年代悄悄地淡出了历史。

下页图

詹姆斯·威尔逊·卡尔米切尔1847年极具想象力的描绘，表现的是詹姆斯·克拉克·罗斯1839—1843年伟大的南极科考之旅期间，"黑暗界"号和"恐怖"号这两艘船只的形象。

位于南极洲哈雷湾的皇家学会地球物理天文台，1957年设立。

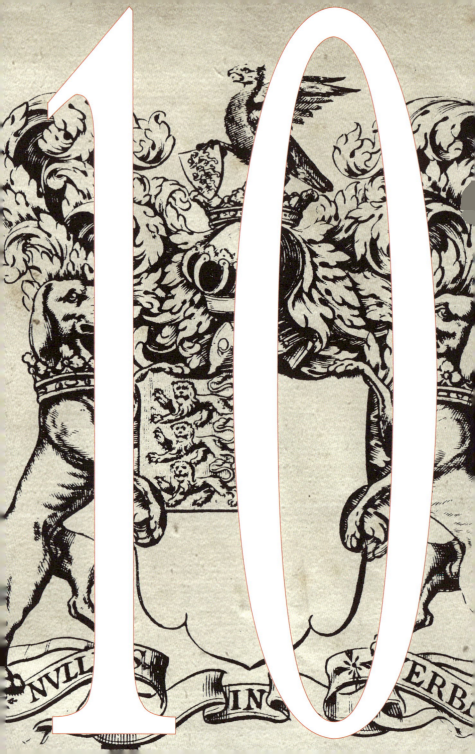

* * * * * *

美丽新世界

"他们希望看到科学家贡献更多力量,帮助世界攻坚克难"

20世纪像一记猛击来到了皇家学会的门前。1900年5月10日，理事会的会议记录记载说，自然学家玛丽安·法尔库哈森写信提议："充分适格的女性应当获得完全的会员资格。"[1]法尔库哈森是个为妇女在各色学会中争取完整席位的斗士。早在1885年，法尔库哈森就曾获允进入皇家显微学会，尽管这次的入会是一场鸡肋的胜利：之后她被拒绝列席任何一次会议。皇家学会做的甚至还不如显微学会多，它直接将法尔库哈森拒之门外，理由是允许女性入会与否要取决于对皇家特许状的解读。"在特许状的庇荫之下，皇家学会已经运转了300多年"，这件事情也就此罢休。[2]不过仅仅两年之后，学会就碰上了一次更为直接的挑战。1902年1月，工程师约翰·佩里提议授予赫尔莎·艾尔顿会员资格。他的提议还附上了一长串地位很高的联署人名单，从天文学家、物理学家、化学家到工程师不一而足，他们都与艾尔顿这位才华卓著的电气工程师有着很深的私交。

尽管从未有女性当选会员，大家还是在皇家学会的早期历史里找到了依据。1667年5月，纽卡斯尔公爵夫人、知识兴趣广博的作家玛格丽特·卡文迪许就和小姐夫人们一起在阿伦德尔府享受着各种科学实验的乐趣，其中就有称量空气的实验。当时与会的塞缪尔·皮普斯却不为所动，他对卡文迪许"古怪滑稽"的穿着颇有微词。照皮普斯的说法，卡文迪许事实上并没有说出什么"值得聆听的东西，不过她仍然备受赞誉，沉浸在一片赞誉之中"。1832年，皇家学会接纳了科学作家玛丽·萨默维尔，但只是以雕像的形式。她的半身像出自弗朗西斯·勒加特·尚特雷之手，这尊雕像也在萨姆塞特府的大厅现身。

女性在"畅谈会"中占据了更重要的角色。时至19世纪末，畅谈会已经成为皇家学会社交活动的关键一环。这些社交活动源自约瑟夫·班克斯自掏腰包在自家举行的非正式招待会，皇家学会从1871年开始正式负责筹办。为此，学会成立了一个社交晚会委员会，用拿到的一小笔经费筹办晚宴，准备红酒、冰块和音乐娱乐活动。畅谈会在一开始是仅限男性参加的活动，每年5月在皇家学会的各个房间进行。不过，至少有两名女性的作品得到了展览：考古学家玛格丽特·斯托克斯拍摄的爱尔兰早期基督教建筑照片；自然学家玛丽安妮·诺斯的珍奇植物志绘画作品。

1876年，社交晚会委员会举办了6月的第二次畅谈会。皇家学会会长邀请了男女两性的宾客。"6月招待会，"1899年的《泰晤士报》称赞道，"因另外一个性别而让会场增色不少，她们五花八门的装扮给这个英国科学总部的严肃环境带来了意想不到的快乐。"[3]夫人小姐之间的所谓"畅谈会"，常常重复展示一些上个月就在全男性观众场合亮相过的展品和实验；不过在1899年6月，与一堆巴塔哥尼亚照片、一尊水平钟摆地震仪和一场展现维苏威火山喷发的魔力灯光秀一同登场的，还有赫尔莎·艾尔顿，她亲自演示了自己的电弧实验。"艾尔顿夫人的实验，出于不止一条理由……引起了人们的极大兴趣。"《泰晤士报》如是说。第二年，约翰·佩里就在皇家学会全会上宣读了艾尔顿"电弧机制"的论文。

尽管赫尔莎·艾尔顿的工作在学会内部已经众人皆知，佩里提出授予她会员资格的这一建议还是让理事会一片哗然。理事会展开法律咨询。王室法律顾问的回馈意见是已婚女性不具竞选资格，因为普通法规定丈夫和妻子是同一法人，而其代表则是丈夫。妻子并没有独立的法律地位。赫尔莎·艾尔顿嫁给了物理学家、电气工程师、皇家学会会员威廉·艾尔顿，因此就自动被排除在了会员之外。

这次回绝并未切断赫尔莎·艾尔顿与皇家学会的关系。1904年6月她曾列席皇家学会，宣读了一篇有关波动的论文，成为第一名在学会宣读论文的女性。1906年，学会为表彰她在电弧学和砂波痕领域的贡献，将每年度颁发给物理学创新发现的休斯奖章颁给赫尔莎。强烈反对给艾尔顿颁发奖章的前会长、时任理事会成员威廉·哈金斯不无忧虑地问道："现在该怎么拒绝一名奖章得主的会员资格？"此人强烈反对给艾尔顿颁发奖章。*

至此，皇家学会分裂成了不同派系。一派人主张批准女性入会，另一派人针锋相对。除此之外还有庞大的中间群体，他们并不怎么清楚该如何是好。他们不是特例，英国许许多多的学会都将女性排除在外，要么是章程明文规定，要么就毫无理由地拒绝

---

* 在我写作本书的时候，艾尔顿是仅有的两位荣获休斯奖章的女性之一。另一位是米切尔·多赫蒂，2008年获奖。理由是"她对磁场数据的创新性运用，带来了对土星某卫星周边大气层的发现。这次发现也颠覆了我们对太阳系里行星卫星的看法"。

赫尔莎·艾尔顿，1906年因她在电弧学领域的贡献荣获休斯奖章。不过，身为女性的她还是被皇家学会拒之门外。

她们。比如说，皇家艺术学院1768年成立的时候就有两名女性画家（安杰丽卡·考芙曼和玛丽·莫瑟尔），严格来说该机构并没有将女性拒之门外的理由，但直到1936年劳拉·奈特入会，皇家艺术学院才又迎来了一位女性会员。不过，时代也在改变。林奈学会在1905年接纳了第一位女性，这很大程度上要归功于玛丽安·法尔库哈森的大力推动；皇家地质学会在1913年决定接纳女性，这也是激烈争吵了20年之后的结果；两年之后的1915年，皇家天文学会也迎来了自己的第一位女性成员，但之前也有人提出非议：1831年该会获颁的皇室特许状提到会员时用的是"他"，女人入会无异于抵触规则。

讽刺的是，身为艾尔顿夫妇密友的化学家亨利·阿姆斯特朗却是女性会员的大力反对者之一。阿姆斯特朗写道，维尔·艾尔顿"本应拥有一个平凡普通的妻子，在他回家的时候给他套上绒毯拖鞋，把他的饮食起居照顾得很好，免除他的后顾之忧……这样的话他就能活得更久、更幸福一些，做出更重要得多的贡献"。[4]有这样的态度存在，性别平等的进展缓慢也就毫不奇怪了——这一趋势蔓延到了整个科学界。赫尔莎·艾尔顿从未当选会员。她后来积极投身于女性参政事业，曾在1910年与艾米琳·潘克斯特一起到唐宁街发动示威游行。赫尔莎大力支持潘克斯特夫人等热诚的罢工者。女儿芭芭拉在1912年因砸窗入狱的时候，赫尔莎写道："芭比正在霍洛威监狱……我非常以她为荣。"[5]

"一战"结束后，1919年《取消性别限制法》（Sex Removal

Act）的颁布宣告了普选的胜利。这部法案规定：

> 不得因为某人的性别或是婚姻状况而剥夺其公共参与权，或是剥夺其获任、出任一切公职和司法职务的资格，不得剥夺其进入、接任或是从事一切民间职业或工作的资格，也不得剥夺其入选一切法人团体的资格（不管这团体是否由皇家特许状授予成立）。[6]

这部法案于事无补，约翰·佩里等联署人到1919年的时候只剩下一人在世，赫尔莎·艾尔顿也在4年之后过世。

一直到了"二战"期间，皇家学会才迎来了下一批女性会员候选人，生物化学家马尔约里·史蒂芬逊和晶体学家凯瑟琳·伦斯代尔都得到了提名。会员们就修正章程进行了邮寄投票，结果是压倒多数的胜利：史蒂芬逊和伦斯代尔都在1945年3月22日当选，她们也是皇家学会的第一批女性会员。

如今的皇家学会，女性只占到会员和外籍会员总数的5%。不过，这种悬殊比例更多地要归咎于科学界持续失衡的性别比例，而不是皇家学会内部仍然残存着大男子主义。

* * *

尽管绝大多数会员在女权斗争上无动于衷，但还是有不少人在涉及皇家学会功能的问题上展开反思：尤其是在今天这个盘尼西林和毒气组成的美丽新世界里，科学既被期许为人类的仆人，也恐将成为人类的主宰。

这一集体反思的一大成果是，皇家学会作为经纪人、顾问和赞助人的功能得到了强化。1900年，皇家学会在国家物理学实验室的成立中发挥了关键作用，"使仪器达到标准，并对其进行了校验，测试了原料，还确定了物理常数"。[7]国家物理学实验室是世界上最早的标准化实验室之一，它在成立之初的18年里一直为皇家学会会长和理事会控制。皇家学会也代表英国列席于1919年新成立的国际科学理事会，意在促进国际间的科学合作。

1919年到1923年间，皇家学会吸引到了超过35万英镑的遗赠，这让学会得以设立4个教授席位，并在剑桥设立了一间重要的研究实验室。1925年到1930年出任学会会长的是欧内斯特·卢瑟福。身为诺贝尔奖得主和核物理之父，卢瑟福小心翼翼地主持会务，让学会与政府中枢的联系愈发紧密：两位首相（斯坦利·鲍德温和拉姆齐·麦克唐纳）都曾当选会员。这么做也是依据了一条章程：理事会有权推荐那些对科学事业做出重大贡献，"或者其当选将给学会带来立竿见影的好处"的人当选会员。[8]卢瑟福也竭尽全力给学会例会注入新的活力。亨利·阿姆斯特朗全心全意支持卢瑟福的改革，他用自己习惯的方式半开玩笑地告诉卢瑟福："你作为会长的姿态令人愉悦，拥有一名勤于发问而又促进讨论的会长，相比学会的常态来说实在令人震惊。"[9]

而在卢瑟福的继任者、诺贝尔奖得主的生物化学家弗雷德里克·哥兰·霍普金斯的治下，会员之间流传着各种愤愤之语，认为一个小圈子——根本上说就是会长、职员和理事会——的行事方式让学会和政府当权派走得太近，没有致力于领导、推进科学界的社会责任。异见派的领军人物是弗雷德里克·索蒂，他也是一位诺贝尔奖得主。自诺贝尔基金会1901年开始颁奖以来，皇家学会的会员和外籍会员一共出了280名诺贝尔奖得主，其中不乏阿尔伯特·爱因斯坦、马克斯·普朗克、弗朗西斯·克里克和詹姆斯·沃森这样的现代知识界泰斗，而正是沃森和克里克——还有罗莎琳·富兰克林等人——破译了DNA的结构。索蒂本人就是杰出的化学家，他也参与了不少次个人主义的经济边缘性运动。这股风潮在20世纪30年代之初经济大萧条的背景下应运而生，它同时拒绝资本主义和集体主义的两座大山，试图在两者之中开辟一条新路。索蒂希望，皇家学会的普通会员能够在决定学会战略定位的过程中发挥更积极的作用，也就是说，索蒂认定学会的小圈子压制着那些"官方并不喜欢或是对官方有危险的方面，无论是科学的还是公共的"。[10]问题在于，过去这些年来学会已经形成了由旧理事会提名会长、职员和新理事会的习惯，人选的确定并不会给会员辩论的机会。索蒂提出一种邮寄投票的办法，让更多的会员参与这项进程。91名会员都同意了他的提案。理事会听说索蒂的想法后回应说，事情一直都是按此方法进行的。理事会认为，异见者"并未认识到学会章程里的革命性改变，有些措辞已经点明了这些改变"。[11]

但事实上，异议者亲自实现了这些改变。1935年的周年纪念会上，霍普金斯卸下了5年的会长任期，索蒂及其支持者则推出了另一名候选人竞逐会长大位：免疫学家阿尔姆罗斯·莱特爵士。索蒂竞逐司库，理事会的其他8个空缺也都有改革者来竞争。包括卢瑟福和拉姆齐·麦克唐纳在内的一半会员都参加了1935年11月30日的投票——保守派在选举中大获全胜。不过正如之后《卫报》的报道所说，这场选战也昭示着，会员中的关键少数还是同情了改革者。尽管这些人并不准备将老派卫道士们驱逐出会，但他们还是希望皇家学会能够发挥"更加积极的领袖作用，因为那些当代社会难题的确都有着科学的面向。他们希望看到科学家付出更多，帮助这个困难重重的世界"。[12]

弗雷德里克·霍普金斯爵士的会长离任演说就是一份直接的证明。他在演说中谈到了科学家的社会责任，还有管控科学发现的社会效果面临的种种困难。霍普金斯也向会议厅里的异议者怀柔示意，他宣称，尽管过去的历届政府都屡屡向皇家学会寻求建议，但是今天的皇家学会"不应该再故步自封，仅仅提出建议，而是要在有确实且重要的观点时果断发挥主导作用"。[13]

* * *

今天，有关科学家扮演的道德角色的问题和1935年一样依然有其意义，也许还更为迫切。在近年的一篇周年演说中，时任皇家学会会长、生物学家文卡特拉曼·拉马克里希南认为，会员们"理当确保我们还是各种正确决策强有力的支持者，所谓正确不仅

诺贝尔奖得主弗雷德里克·索蒂，他曾在1930年竞选皇家学会要职，以便更积极地探究科学发展中的道德问题。

是指科学方面，也是广义上对国家而言的正确"。这份声明也许会让索蒂及其伙伴如沐阳光，并且让他在18世纪和19世纪的前辈们大为惊讶。[14] 至此为实验哲学正名的战斗便获得了胜利，现在的皇家学会宣称自身为"致力于使科学日臻完善的英国以及英联邦的独立科学学院"。[15] 除了在科学上精益求精之外，学会的使命还有"促使科学的应用与发展对人类有益"。[16]

时间来到21世纪，1660年聚集在劳伦斯·鲁克寓所里的12名实验哲学家成立的这家社团，如今已经演化成为一家更加面向公众、更具有反思精神的组织。皇家学会介入了从气候变化到胚胎研究，从转基因食品再到数据管控等一整套当代议题。伯灵顿府的容积已经愈发局促，学会也在1967年搬进了现在位于卡尔顿府联排的地址。皇家学会现在拥有41个常务委员会、6个工作群组，就网络安全、数学教育和文化多元的议题为政府提供调查和顾问服务。学会向初出茅庐的科学家授予奖助金，还运营着一个入驻企业家项目，并且引入大学教职工和学生开展前沿产业研究。就在本书写作的时候（2018年），皇家学会资助了1500名研究者，管理着29种奖章和荣誉。这些奖章的时间跨度甚广：从被认为是世界上最古老科学奖章的科普利奖——1731年被初次授予，旨在表彰科学研究杰出成就——到2016年设立，颁发给那些对科学、技术、工程和数学领域多样性的进步贡献最巨的个人或集体的雅

实验哲学的新老交替：2000—2005年担任皇家学会会长、牛津大学的罗伯特·梅勋爵，与万维网创始人蒂姆·伯纳斯·李在2002年伯纳斯·李入会时握手。

典娜奖章等。今天的皇家学会有大约1600名会员和外籍会员，一支160人组成的职员团队。《自然科学会报》《论文集》和《札记与纪事》也都一派兴旺。

在一个由政府、学术机构和私营企业决定科学研究进程并控制其产出利润的世界，伦敦皇家学会是否还能有其立足之地？答案当然是肯定的。准确来讲，正是因为太多的既得利益者一心一意想要按照他们的利益来操控科学的进步，科学界拥有一个独立声音，在今天比以往任何时候都更加重要。1660年，我们要学习的很多；今天，我们要学的东西更多。

Nullius in verba. 不人云亦云。

NVLLIVS · IN · VERB

* * * * * *

附录

附录1 创始人

有12个人列席了1660年11月28日皇家学会在格雷沙姆学院的成立会议。他们拥有各不相同的背景和政治观点，有人是保皇党，有些人则是共和派。有人是职业科学家和学者，有人是业余票友。将他们联系到一起的，是对培根哲学通过实验来自己寻求答案，而不盲信古代权威来获取知识的信念。

威廉·鲍尔（约1631—1690），天文学家

鲍尔出身小乡绅家庭，在德文郡的曼海德有几块地产。1646年鲍尔进入中殿律师学院，不过并没有证据表明他做过执业律师。我们只知道，他对天文学的兴趣最早可以追溯到17世纪50年代中叶。与保罗·尼尔、克里斯托弗·雷恩等人一样，他也对土星进行了一连串观测，力图解释这颗行星表面变换的原因。17世纪50年代末，鲍尔已经是格雷沙姆学院的讲座常客。在新学院的第一次"为促进物理数学之实验学习"的会上，鲍尔获任司库。1663年第一年选举，鲍尔的位子落到了亚伯拉罕·希尔手中。不过，鲍尔还是当选进入了理事会。

1665年，鲍尔逃到他父亲在英格兰西南的住宅以躲避瘟疫。尽管他曾在伦敦大火之后短暂回到伦敦（1668年7月，鲍尔在科文特花园的圣保罗教堂与玛丽·博斯特胡娜结婚），但他最终还是在德文郡定居，和妻子养育了6名子女。鲍尔将人生的最后三分之一

时间都用在了打理家族地产上，这种营生也让他留给科学的时间变得少之又少。

罗伯特·玻意耳（1627—1691），自然哲学家

罗伯特·玻意耳是理查德·玻意耳（第一代科克伯爵）的幼子，曾就读于伊顿公学，1641年到欧陆壮游，曾到达意大利。父亲在多塞特郡的斯塔尔布里奇留给了玻意耳一块地产，他也于1645年移居这里。不过玻意耳还是会花工夫在伦敦逗留，并在那里开始与一个或多个实验哲学家群体交往，这帮人在17世纪40年代末格外活跃。1649年，玻意耳在斯塔尔布里奇建立了一家实验室，并在那里进行了一系列化学和炼金术实验。玻意耳对实验的兴趣无时无刻不在增长，1655年他移居牛津大学，加入了约翰·威尔金斯的瓦德汉学院团体，还雇用了年轻的罗伯特·胡克协助他的实验。17世纪60年代初期，玻意耳出版了一连串重要的科学著作。视力开始下降后，玻意耳的科学著作都是在一名书记员的协助下完成的：他口授，书记员写作。玻意耳的《关于空气的弹性及其物理力学的新实验》（1660）记述了他以一支真空泵完成的开创性实验；而他回击本书批评者的著作《捍卫有关空气弹性和重量之学说》（1662）则奠定了他为后世称颂的玻意耳定律：在恒温下，在密闭容器中的定量气体的压强和体积成反比关系。

玻意耳毫无疑问是学会创始12位成员里最为杰出的科学家。身为虔诚的新教徒（他回绝了学会会长职务，因为他认定立誓并

不符合《圣经》），他也积极投入了向美洲原住民传播基督福音的各项动作之中。1670年中风之后，他与皇家学会的直接联系变得稀疏。不过，玻意耳与姐姐拉内拉夫夫人共用的那间在贝尔梅尔街的宅邸创立的实验室，自1668年以来都是前来访问的科学家的朝圣之地。1691年新年夜，玻意耳在姐姐逝世一周后去世，被安葬在圣马田教堂的高坛。

威廉·布朗克，第二代布朗克子爵（1620—1684），数学家

作为皇家学会的首任会长，威廉·布朗克出生于都柏林郡，是一名小廷臣之子。1647年在牛津获得医师资格之后，威廉·布朗克转而学习数学，翻译笛卡儿著作，与牛津的萨维尔几何学教授约翰·沃利斯交换意见。他是第一个提出"圆的面积和外切正方形之比是无限连续分数"的人；布朗克的各项研究也为他赢得了数学家的美名，与沃利斯的关系让他刚好得以在查理二世复辟之前进入格雷沙姆学院。无论是雷恩周三的天文学讲座，还是鲁克周四的几何学授课，布朗克都名列其中，他也成为1659年格雷沙姆聚会的一员。1660年11月28日，也就是皇家学会成立会议的两周之后，布朗克子爵与莫雷、戈达德、保罗·尼尔和雷恩一起成立了一个委员会，负责为新成立的学会找到便利的周会地点。布朗克成为一名定期出席者，也在头一年里担任了其他几个委员会的职务，其中就有一个职务具有相当古怪的二重职能，负责"建立一座图书馆，并检验各种昆虫的生长"。

布朗克子爵在1662年皇家学会获颁的第一份皇家特许状中被提名为会长，1663年的第二份特许状确认通过。之后他在每一年的选举里都不曾遇到竞争者，一直连选连任到1677年。到那个时候，布朗克子爵已经对学会兴趣索然，屡屡缺席会议。当学会之内出现了一个青睐约瑟夫·威廉森做候选人的派别，使得一场竞争性选举无可避免时，"布朗克子爵心情激动地大声咆哮，拂袖而去"。[1]布朗克子爵并未在圣安德鲁节当天露面，威廉森也如期当选皇家学会的第二任会长。1684年4月5日，布朗克子爵在威斯敏斯特区圣詹姆斯街的家中去世。

亚历山大·布鲁斯，第二代金卡丁伯爵（约1629—1681），地产主

亚历山大·布鲁斯是某苏格兰贵族之子，在卡尔罗斯拥有一块出产石材大理石和煤矿的家族地产。他于1657年离开苏格兰、流亡不来梅，大概是因为他与保皇党人的渊源。后来他从不来梅跑到汉堡，与克里斯蒂安·惠更斯合作，致力于发明一种可以在海上确定经度的摆钟。他也定期与当时正在马斯特里赫特流亡的苏格兰同胞罗伯特·莫雷爵士通信，两人之间往返的书信显示，他们对化学、物理和数学以及其他许多学科有着共同的兴趣。查理二世复辟后，布鲁斯回到了卡尔罗斯。不过和其他许多流亡的保皇党一样，他也不由自主地跑到查理二世的白厅御座那里，希望获得青睐。这段保皇党经历，和他与莫雷的旧交，也许可以解

释为什么他会出现在格雷沙姆学院的皇家学会成立会议上。

1662年，布鲁斯继承了金卡丁伯爵的头衔和家族地产，从此投身苏格兰政治。这也意味着之后他也只能在皇家学会的事务中扮演一些边缘角色。布鲁斯去世之后，基尔伯特·伯内特回忆说，布鲁斯"想法审慎迟缓，讲话甚至还要更加迟缓。不过，他无论说什么还是做什么都显示了他深邃的判断力"。[2]

乔纳森·戈达德（1617—1675），物理学家

在牛津和剑桥学医之后，出身于富有造船商人之家的乔纳森·戈达德于1646年当选英国皇家内科医生协会会员。戈达德逐渐成为一名成功的全科医生，同时也沉迷于他的科学爱好。戈达德参加了一些实验哲学家17世纪40年代中期在伦敦的松散聚会，其中不少人也是内科医生。根据约翰·沃利斯的说法，他们的一个集会地点就是戈达德的伍德街寓所，因为戈达德在那里放置了一台研磨镜片的设备。戈达德后来在爱尔兰和苏格兰逗留了一段时间，出任克伦威尔的主治医师。作为这段经历的回报，1651年他获任为牛津大学默顿学院的学监，4年之后又被任命为格雷沙姆学院的医学教授。如此一来，戈达德既是加入瓦德汉群体的理想成员，也是后来威尔金斯治下格雷沙姆雅集合适的座上客。

戈达德在皇家学会早期记录里定期出现，曾经出任多个委员会的职务。其中一个就是和佩蒂、雷恩一起从事"有关航运的实验"，另一个则是负责"思索适合在世界辽远各地询问的考察问

题"。[3]毫不意外的是，鉴于他的专业背景，戈达德尤其对解剖学和病理学感兴趣。他研究呼吸的本质，还与玻意耳合作在水中压缩空气。在某次会议上，他还宣读了一篇论文，报告了他"解剖一只蜥蜴"的发现。1675年3月24日，戈达德死在伍德街拐角。当时他刚刚参加完一场自然哲学家的会议，回家路上的一次中风夺走了他的生命。

亚伯拉罕·希尔（1633—1722），商人

亚伯拉罕·希尔是某个富裕伦敦市议员之子。他的首任妻子名叫安妮，乃是英国名律师兼政治家布林斯东·怀特洛克之女。希尔的父母都死于1660年，他给自己在肯特郡买了一栋乡间别墅，也在格雷沙姆学院占下了一席之地。希尔正是靠着这个结识了其他学会创始人，他是个业余爱好者，并非严肃的科学家。不过，希尔是一名称职的行政官员，半个多世纪以来一直在皇家学会发挥着积极作用。从1663年到1666年，希尔都是理事会成员；1672年到1721年（他去世前一年）这49年里，他也一直待在理事会。1673年到1675年间他曾出任学会书记官，并在1663年至1666年间和1677年至1699年间两度出任司库。希尔还在学会会议的实验日程规划上出力甚多，为学会准备那些通常呈送给航海船长等旅行者的长问卷。1722年2月5日，希尔在肯特郡的自家宅邸里去世。

罗伯特·莫雷爵士（约1608—1673），士兵兼廷臣

罗伯特·莫雷的父亲是珀斯郡克雷吉的蒙戈·莫雷爵士。和同时代许多苏格兰人一样，他早年的绝大多数时间都献给了军旅生涯，参与了欧洲大陆上的三十年战争。1643年1月的莫雷正在英格兰，对保皇党事业的忠诚为他赢得了查理一世颁发的爵士头衔。但没过多久，他又以陆军中校的身份重返法国，进入新成立的法国军团——苏格兰卫队。尽管如此，莫雷还是一心勤王，参与了争取苏格兰人重返英国内战、支持国王军的流产谈判。查理一世被处死后，莫雷继续为查理二世的复辟事业奋斗，直至1655年被迫流亡。他随着流亡朝廷先后逗留科隆和布鲁日，1657年迁往马斯特里赫特。只有一点点证据表明莫雷对科学事业有过浅尝辄止的兴趣，但这已经足够让他与格雷沙姆团体结交了。

查理二世复辟后，莫雷重返伦敦。他因自己对保皇党事业的贡献收获了一大批荣誉，也和亚历山大·布鲁斯一样出席了皇家学会的创始会议。事实证明，莫雷是学会的好朋友，不但推进了学会被授予皇家特许状的进程，也持之以恒地在查理二世面前为学会美言。约翰·奥布雷回忆说，莫雷"是个优秀的化学家，他在我的化学实验中鼎力相助"。[4]

保罗·尼尔爵士（1613—1686），廷臣

保罗·尼尔出自于一个英国国教背景深厚的家庭。他的父亲是林奇菲尔德主教，后来成为约克大主教，他的妻子伊丽莎白·克拉克是杜伦执事长之女。尼尔曾是个问题少年，失手杀死过马车夫，以至于父亲不得不插手，才让他免于起诉。虽然尼尔身上的保皇党色彩极为浓厚，但他在内战期间却是默默无闻。护国公统治期间，他与瓦德汉群体的一帮人打造了深厚的工作关系，后来他的儿子、成为杰出数学家的威廉·尼尔于1652年入读瓦德汉学院。尼尔最为人称道的乃是他对光学的兴趣，他出资建造了一系列威力强大的望远镜，其中一台望远镜后来在1657年送给了他的朋友克里斯托弗·雷恩，当时的雷恩刚刚被任命为格雷沙姆学院的天文学讲席教授。1660年10月，查理二世也领略了这台望远镜的威力，深受触动的国王要求尼尔在白厅也装上一台。

第一张皇家特许状提名尼尔进入学会理事会，第二张皇家特许状也确认了这项任命。1662年6月尼尔获任为查理二世枢密院的礼仪官，他也利用自己亲近君主的每一次机会，尽可能地为皇家学会谋利。尼尔是皇家学会周会的常客，他曾于1663年7月的一次会上宣读了有关苹果汁的论文，还在另一个场合报告说他曾在圣詹姆斯公园目睹一条鳝鱼口衔鸭子。我们对尼尔后来的人生知之甚少，不过17世纪80年代之初的时候，他似乎曾在德比郡的科德诺尔城堡居住了一段时间。

威廉·佩蒂爵士（1623—1687），政治经济学家兼医生

威廉·佩蒂自年少时就在海上漂泊，直到来到法国，在1637年左右进入卡昂的耶稣会学院，在那里学习数学。后来他回到英格兰继续学业，但是内战的爆发让他重返欧陆，辗转就学于阿姆斯特丹、莱顿、乌得勒支和巴黎，最后于1646年回到英国，进入牛津大学。当时他的志向是成为一名合格的医生，他也如期在1650年实现了这一愿望。牛津驱逐保皇党学人事件之后，政治原则应时而变的佩蒂获任为布拉赛诺思学院副院长、解剖学教授。时至1651年，专业化的缺失是早期实验哲学家们的普遍现象，佩蒂也获任格雷沙姆学院的音乐教授。后来他又加入克伦威尔的爱尔兰驻军，出任随军医生，并在那里着手对罚没的土地进行大规模调查。在此期间，佩蒂也为自己搞到了相当多的土地。

尽管在查理二世复辟之后，佩蒂被迫交出自己在爱尔兰的一些地产，但他还是在之后的25年里往返于英格兰和爱尔兰之间，介入了一系列投机冒险活动，从设计双体船到开创统计分析学都有。佩蒂拥有令人生畏的才智和对实验哲学深入骨髓的热爱。奥布雷称佩蒂为"一个拥有发明创造头脑的人，令人尊敬"，[5]皮普斯也认为，佩蒂"乃是我听说过最为理智的人"。[6]奥布雷认为，皇家学会应该庆祝圣乔治日而不是圣安德鲁这个苏格兰守护圣人的节日。佩蒂对此的回应是，他宁愿把一年一度的选举放在圣托马斯日，"因为他认为，除非他亲眼看到、并将他的手指放进钉孔

里，否则他决不相信"。[*7]

劳伦斯·鲁克（1622—1662），天文学家

劳伦斯·鲁克的早年生活波澜不惊。他曾在伊顿公学就读，1639年进入剑桥国王学院，并在那里就学8年之久。在肯特郡家中逗留一段时间后，鲁克于1650年进入牛津大学瓦德汉学院。显然，他也因此得以和约翰·威尔金斯和塞斯·沃德共事。鲁克随后出任牛津大学萨维尔天文学教授。1652年，鲁克出任格雷沙姆学院天文学讲座教授，1657年又换到几何学——据说是因为几何学教授的寓所更安静、也更舒适。正是在鲁克的寓所里，举行了后来成为皇家学会的创始会议。和同时代绝大多数天文学家一样，鲁克特别感兴趣于天文学对经度问题的解决方案，他曾在皇家学会的早期周会上宣读了一篇有关月食的论文。鲁克也致力于研究木星卫星的盈亏，以此确定当地时间、与伦敦时间相对应，顺理成章地发现经度差异。

鲁克的学术生涯在1662年6月，也就是皇家特许状颁给皇家学会之前，过早终止了（因此他实际上从未成为会员）。他在拜访自己的赞助人多尔切斯特侯爵之后，在从家到格雷沙姆学院的路上染上风寒。6月27日，40岁的鲁克英年早逝。弥留之际的鲁克说，他还有一项木星卫星的观测数据要做，请求同事帮他了结这

---

* 《圣经》中耶稣复活后，圣托马斯听到消息后不敢相信，便出此言。佩蒂认为这与皇家学会的宗旨相吻合。——编者注

一心愿。人们用这样的语言怀念鲁克:"在植物学、音乐和晦涩深奥的神学之外的所有知识领域都技艺精熟,(此外)他总是避免给任何模棱两可的事物下断语。"[8]

约翰·威尔金斯(1614—1672),自然哲学家

如果说有什么人称得上是皇家学会成立背后的驱动力的话,这个人一定是约翰·威尔金斯。出身温和派清教徒之家的威尔金斯是个牧师,他在1638年和1648年间出版了一系列体大思精的科学著作:从《一个新世界的发现;又名一篇意在论证月球上(大概)会有另外一个宜居世界的论文》[*The discovery of a new world, or, A discourse tending to prove, that* ('*tis probable*) *there may be another habitable world in the moon*]到《数学魔法》(*Mathematical Magick*)和《机械几何学展现之诸奇迹》(*The Wonders that may be Performed by Mechanical Geometry*)。威尔金斯是17世纪40年代中期伦敦那个科学雅集圈子的中心人物。1648年,威尔金斯前往牛津出任瓦德汉学院的学监,一大批实验哲学家也随之前往。在威尔金斯的密切督导之下,这里举行了各种非正式的会议和演示活动。奥布雷称威尔金斯为"在牛津的……实验哲学复兴的主要推手"。[9]这个群体还包括后来成为萨维尔几何学教授的塞斯·沃德、劳伦斯·鲁克、乔纳森·戈达德、威廉·佩蒂和罗伯特·玻意耳。威尔金斯素以宽容见誉,身上毫无"当时牛津各学院高层与同僚间盛行的顽固不化、不恭无礼和吹毛求疵之风"。[10]威尔金斯广得天下英才

而教之，学生背景各异，其中就有克里斯托弗·雷恩、威廉·尼尔和托马斯·斯普拉特。1656年，威尔金斯与奥利弗·克伦威尔孀居的妹妹罗宾娜·克伦威尔结婚，但这丝毫无损于他在学界的大好前途。1659年，威尔金斯成为剑桥大学三一学院的院长。

查理二世的复辟让威尔金斯的大学生涯戛然而止，他重返伦敦并再度成为科学活动瞩目的中心人物。威尔金斯主持了皇家学会的成立会议，也成为理事会成员和两位秘书官之一（另一位是亨利·奥登伯格）。威尔金斯也和斯普拉特合作撰写了《皇家学会史》，确立并巩固了皇家学会对实验方法的强调。

威尔金斯在伦敦大火中失去了他的房屋和所有文件资料。1668年他被祝圣为切斯特主教。1672年11月19日，威尔金斯死于伦敦。据说在弥留之际，他还在"准备一个大型实验"。[11]

克里斯托弗·雷恩（1632—1723），天文学家兼建筑学家

克里斯托弗·雷恩堪称12位创始人里最出名的一位，但这并不是因为他在实验哲学和数学科学上的贡献。雷恩是圣保罗大教堂、56座伦敦城教堂、切尔西医院和汉普顿宫国王套房的建筑师。他出生在一个显赫的英国国教牧师之家，父亲是温莎主牧，叔叔是伊利主教。两人都是教会高层里的保皇党人，并在1642年内战爆发之际双双丢掉了位子。雷恩进入威斯敏斯特公学就读，但在1647年左右遭遇了一场疑难怪病。雷恩被送到保皇党医生查尔斯·斯卡伯格那里救治，正是这名医生将他介绍给了一个小型实

验哲学家群体。这个群体每星期都聚到一起讨论"物理学、解剖学、几何学、天文学、航海学、静力学……还有种种自然实验"。威尔金斯、约翰·沃利斯和乔纳森·戈达德都是其中一员。威尔金斯迁往瓦德汉学院之后，雷恩也被录取，并在那里获得了学士学位。自那以后，雷恩一直都在牛津哲学俱乐部里扮演重要角色，这个俱乐部正是围绕在威尔金斯左右的。1657年，雷恩年仅25岁便迁往格雷沙姆学院，接掌天文学教席。他的兴趣包含解剖学、天文学、镜片磨制、编码、防御工事和军事器械。他研究一种双重书写工具；"一种让同一团空气用于呼吸的呼吸过滤器"；一种"只需拨一下齿轮就可将许多条绶带一次性编织而成"的发明，还有编织窗帘、捕鲸、水泵的简便方法，"潜水航行的各种办法"，一种天气钟和天气叶轮，甚至还有新的乐器。[12]

　　1661年2月5日，也就是皇家学会成立会议的两个月后，雷恩从格雷沙姆学院辞职，接替塞斯·沃德的牛津大学萨维尔几何学教授之职。他与皇家学会的关系自然而然变得紧密难分。1666年伦敦大火带来的海量建筑机会帮他进一步通向了名闻于世之路。1669年，雷恩获任英王的工程测量师，不过他还是积极参加皇家学会的活动。1680年到1682年，雷恩出任皇家学会会长。他仍然维持了自己在几何学和数学科学上的兴趣，在他漫长一生的末期，雷恩依然致力于从天文学角度解决经度问题。

附录 2 第一张皇家特许状，1662 年 7 月 15 日

奉上帝之福，英格兰、苏格兰、法兰西、爱尔兰之王查理二世，信仰的捍卫者，向接读此文书之人致意。

朕素来全心抱定开拓帝国边界之余，亦应精进科学艺术疆土之信念。故，朕博览百学，然尤以哲学各科为要。因实验或可成哲学新知，或可臻旧学于化境，又特以等实行实验为重。因此学尚未于世人所明，为使其光热普照朕之子民，另使文明世界深知朕非但为信仰之捍卫者，亦乃普世学问之爱好者，各类真理之守护者，特谨告：

因朕所蒙之殊福、特享之知识、纯粹之动力，以此文件赐权、建立、授权并宣召朕、朕之子孙与后继者，赐权、建立、授权并宣召一家学会自此成立，以至永远。其由会长、理事会、会员组成，应得名为"皇家学会"。故朕、子孙与后继者，特此制作、授予、创造并构建该学会及会长、理事会和会员为一事实完整法人集体。此机构及此名应由会长、理事会、会员及其继承者们世世相承（彼等之研究势将借由科学实验、自然事物、实用文艺之实验而增）。会长、理事会及会员将以学会之名永远依法享有以付费或其他任何适宜方式永久，或一生，或片段，或在数年时间内获得、收受、占领以下事物：土地、房屋、草地、食物、牧场等，并获许可权、特权、特许权、司法权及财产继承权。后继

者同。商品、动产、其余诸物亦然，无论以何等种类、性质、分门抑或质量论之，亦可以前述会长、理事会及皇家学会会员之名，给予、赐予、终止、交派相同之土地、房屋、可继承财产、财物及动产，或可打理、处置、关切一切有必要之行为及事项。以前述会长、理事会及皇家学会会员之名，彼等亦将自此永久享有申诉及受理申诉、询问及答询、辩护及被控之权。上述之权适用一切法庭抑或地域，一切法官及裁判官，以及朕其他的个人及官吏，朕的子孙后代、继承者。上述之权亦适用于一切及单独之行动、申诉、诉讼、怨怼、起因、事项及要求。上述之权适用一切可能或应然之门类、性质抑或种类，与英格兰王国境内之一切臣民得享相似之方法及形式。英格兰王国境内一切法律上有能有行之人，抑或一切政治实体及团体，得享拥有、获得、收受、占有、给予、赠予、申诉及受理申诉，询问及答询，辩护及被控之权；以前述会长、理事会及皇家学会会员，以及他们继任者之名，彼等皆得永久持有一枚公章，为调理彼等及其继承人之一切事由事务之用。对于前述之会长、理事会及皇家学会会员及其继承者，若有对他们而言最称紧迫之事，他们在任期间一直合法合理享有中断、更改、更新公章之权。

皇室之愿，乃在于求得前述皇家学会之善治良治更臻完满。根据这封文书，朕及朕之子嗣、继承人，将授予前述之会长、理事会及皇家学会会员及彼等之继承者，前述之理事会应由21人组成（会长为其中一人），并自此永远存在。此外自本文书颁布之日起一个月内，其他所有会长及理事会接纳、准入之人，抑或在任何时候里由会长、理事会和会员延揽进入同一学会而得为前述之皇家学会成员者，一律应在登记簿里录其名札。他们一概将获得前述皇家学会之会员称号：他们乃是在一切学问门类和华美文辞上才智卓著、更是胜一筹者，更是热心地渴求提升名誉、研究，增进学会利益者，更因素行良善、品行端正、信仰虔敬、忠诚卓绝、心灵感召朕和皇室而留名者，朕尤为希望此等适合且值得被接纳的高贵之士成为这个皇家学会会员之列。

为更好执行朕筹建学会之意愿，基于此文书，朕之继承人与继任者亦需遵守，朕指派、提名、筹组、设立、任命备受热爱和广受信赖的布朗克子爵威廉，也就是朕亲爱的凯瑟琳王后的大臣，成为并出任第一任、即现任的皇家学会主席。朕切盼布朗克子爵威廉基于此文书得以于皇家学会会长任上至下个圣安德鲁日。直到彼时另一位皇家学会理事会成员就会当选、获任之前，他都根据本封文书下列之规章条款，以合适形式宣誓就职，并对外宣布、公之于众（如果前述的威廉·布朗克子爵活那么久的话）；会长应先立一圣誓，以示尽心尽忠之履职。根据这份文书之真义，他应以会长署理之万事为基，在朕极为敬爱且极受信赖之克拉伦东伯爵、上院议员、英格兰大法官、国王表兄爱德华面前宣誓：朕给予并颁授前述英格兰大法官、克拉伦东伯爵爱德华以全权职权，监督前述宣誓仪式，誓词如下：

我，布朗克子爵威廉，谨此承诺，受雇于皇家学会，出任会长之职，尽忠尽诚于皇家学会会长受托之万事万务。上帝保佑我！

　　基于这封文书，朕和朕的子嗣、继承者亦已指派、筹组、产生了皇家学会理事会的第一批也就是现任的会员，他们和会长一起组成了21人的理事会，他们是：罗伯特·莫雷骑士，苏格兰枢密院成员；罗伯特·玻意耳，绅士；威廉·布雷勒顿绅士，布雷勒顿男爵之长子；坎奈姆·迪格比绅士，朕亲爱的玛丽亚母后手下大臣；保罗·尼尔骑士，朕枢密院里的一位绅士；亨利·斯林杰斯比绅士，也是前述枢密院里的绅士；威廉·佩蒂，骑士；约翰·沃利斯，神学博士；蒂莫西·克拉克，医学博士、朕之医生之一；约翰·威尔金斯，神学博士；乔治·恩特，医学博士；威廉·阿尔斯金，朕之斟酒人之一；乔纳森·戈达德，医学博士、格雷沙姆学院教授；克里斯托弗·雷恩，医学教授、牛津大学萨维尔几何学教授；威廉·鲍尔，绅士；马修·雷恩，绅士；约翰·伊夫林，绅士；托马斯·亨肖，绅士；达德利·帕尔默，格雷律师学院、米德尔赛克斯郡绅士；还有亨利·奥登伯格，绅士；再加上前面提到的会长先生。根据本封文书确定的日期，他们会一直在任到下一个圣安德鲁节，直至人们选举、任命其他适任、有能力和充足的人手，再宣誓就职（如果他们活得足够长，并未因任何合理适当之理由去职的话）。第一步要在前述皇家学会会长面前立下圣誓，依据前述誓言的形式和效果（必要修正），恪尽职守、忠诚行事，处理他们在任的一切事务，接受前述皇家学会会长和英格兰大法官之管理（依据本封文书，朕和朕的子嗣、继承者也会授予同一位会长以全权职权执行前述誓言）。同样，这批当选、任命、宣誓就职的人，以及之后当选、任命、宣誓就职成为皇家学会理事会成员的人，亦当在一切事关或是相关更佳规章、更佳治理和前述皇家学会大方向的一切事务、公务和情事上提供资助、咨询和协助，对所有皇家学会成员亦然。

进一步说，基于本封文书，朕和子嗣、继承者也愿授予前述皇家学会会长、理事会和会员及其继承者们此时（朕希望会长是一个人）合理拥有至未来不间断的权力和职权，提名并选举。他们也应该并拥有权限，在每一年的圣安德鲁节那天选举、提名皇家学会的会长（暂时也是理事会成员），当选者直至下一个圣安德鲁节都仍将是皇家学会会长（如果他活得够长并且未因任何适当合理之理由去职的话），并如此这般连选连任，直至另有一人当选、任命并提名为前述皇家学会的会长。如前所述，此人在当选、提名为皇家学会会长之前，亦将在皇家学会理事会前发一圣誓，出席的理事会成员应至少有7人。他应恰如其分、忠于职守、勤于任事，依据前述誓言（必要修正）处理所有会长之职涉及的事务（对于领受誓言的7名或以上理事会成员，朕和朕的子嗣、继任者依据本封文书赐予并授权他们全权职权永久监视，尽其必要）。履行这番誓言之后，如前所述，他应取得权力履行皇家学会会长之职，直至下一个圣安德鲁节。前述的皇家学会会长如果在同一职务上能够待上足够长时间的话，那么一旦发生死亡或是去职之事，那么前述皇家学会的理事会和会员就当妥善合法地出来履职，或是任何7名及以上人数的成员（朕愿理事会会长总在其中，参与选举），选举并任命理事会之中的某人为前述皇家学会的会长；胜选获任的此人也将在这一年的剩余时间里上任履职，直至下一次选举。下一任会长也将以适当方式当选、宣誓就职、按照前述方式立下圣誓。类似办法也将一体适用、反复进行。

进一步说，朕谨愿，任何时候里，前述皇家学会理事会的成员若有任何人等死亡、去职或是退休的话 [就前述皇家学会会员的理事会（成员）而言，若是有人因品行不端或其他正当理由而有去职之虞的话，朕谨愿当依前述之会长和理事会其他在世在职成员之意，或依同一批人之重要成员之意——朕谨愿前述之皇家学会会长是这个人]，提名、选举并任命一位或多位前述的皇家学会会员，填补那些死去、退休或是去位的理事会成员，补足前述皇家学会会员的21名会员之足额；那些胜选并获任的理事会成员也当一直履职，直至下一个圣安德鲁节到来，一位或是多位其他会员也依照此例当选、获任并提名；新当选的理事会成员先要在会长和前述理事会（或是7人及以上的成员）的面前立下圣誓，勤于职守、竭智尽忠，处理任内的一切繁剧事务，不负本封文书之真义。

进一步说，朕和朕的子嗣、继承人谨愿，授予前述之会长、理事会和皇家学会会员及他们的继承者，每年在前述的圣安德鲁节，他们都有全权职权选举、提名、任命并撤换10名前述皇家学会会员，并让他们填补前述21名皇家学会理事会成员中的10个空缺；基于这封文书，朕和朕的子嗣、继承者将之引为朕的皇室喜悦，朕授予会长、理事会和前述皇家学会会员以权力，每年撤换并免去前述理事会中的10个人（不能更多）。

朕还将以朕、朕的子嗣和继承人的名义授予前述会长、理事会和皇家学会会员（及其继任者）如下权力：如果皇家学会会长有因疾病或是体弱，或是因为出仕受禄等其他尘务而无法履职、不能料理皇家学会会长分内之事的话，那么学会就将妥善合法地从理事会中提名、任命一人，成为代理会长，取代那位倦勤、出仕或是忙于旁务的会长；同样是这位被任命为代理会长的代理人，也将在前述会长缺席的时候一直出任代理会长，这段时间他也将一直待在会长办公室里；除非在同一时间里，前述皇家学会会长恰好指定、任命了另一位理事会成员做他的代理。每一名指定并任命的前述会长的代理人，如前所述，亦当依据朕签发之文书，一直享有职权处理一切与前述皇家学会会长之职有关或是应为之事，或是那些仅限于、委任给前述会长处理解决之事。如果前述会长一直不克履职的话，这段时间代理会长也将一直出任前述代理会长之职。依据朕签发之文书，他当完全、自由、全部地在任，以前述会长之完全方式及形式，拥有职权处理完成那些相应事务，这位代理会长亦将首先手按神圣的福音书、以最后指定之仪节立下圣誓，竭智尽忠，处理一切会长分内之事，在前述皇家学会理事会或是在7名或以上成员之前立誓；又及，每当类似情形出现之时；对于同一个理事会，或是对任何7人及以上理事会成员而言，朕都依据这封文书权且给予他们职权和权威，在类似情形出现之时履行他们的誓言，而不需获取或是拿到任何令状、委任，或是任何出自朕和朕子嗣、继任者之手的特许状。

进一步说，朕谨愿，基于本封文书，朕和朕的子嗣、继承者也授予前述会长、理事会和皇家学会会员（以及他们的继承者），他们和继承者自今而后也将一直拥有一名司库、两名秘书官，常任秘书、文员以及执仗官，这些人也将常伴会长左右。前述司库、秘书官、文员和执仗官也当在皇家学会会长和理事会面前，或是至少7名理事会成员面前，以最后指定之仪节立下圣誓，竭智尽忠、应接各自分内之务。又及，立下圣誓之后，如前所述，他们就当各自就职行使权力；对于前述会长及理事会或是任何7人及以上理事会成员而言，朕依据本封文书给予他们全权职权，永续监督上述各职官员及其继承者履行誓言。朕也依据本封文书，以朕和朕子嗣、继承者之名义，指派、提名、选拔、创设、任命、安排朕敬爱的臣民威廉·鲍尔出任第一任、即现任司库，前述的约翰·威尔金斯和亨利·奥登伯格成为第一任、即现任皇家学会书记官。他们都将一直待在任上，直至下一年的圣安德鲁节来临之日。此外，从今往后（除周日，如遇周日则顺延至下一日），每逢圣安德鲁日，前述的会长、理事会和皇家学会会员，或是同一批人里的头面人物（朕谨愿，会长可以权且成为这个人），亦将一直拥有职权选举、提名并任命其他正直谨慎之人，担任前述皇家学会的司库、秘书官、文员和执仗官。又及，如前所述，那些理当当选、获任并向前述各机构宣誓的人，也当享有职权署理各自机构分内公务，直至下一个圣安德鲁节。如前所述，他们也将首先立下那些誓言；如果以下状况发生的话，那么一律如此处理：如果出现有任何皇家学会前述官员死亡、各自去职的情形的话，那么前述皇家学会的会长、理事会、会员或是其中的头面人物（朕谨愿，会长可以权且成为这个人）就得以妥善合法地选举并任命其他人，递补那些死亡或是去职的各机构人员。当选获任的人也当拥有履行前述各机构职权的资格，在本年剩余时间内履职，除非其他人员另以合理方式当选并在各对应机构宣誓就职。类似情况如有发生，一律依此办理。

进一步说，朕谨以所蒙之殊福、特享之知识、纯粹之动力，授予前述皇家学会会长、理事会和会员（及其继承者）以如下权利：前述之皇家学会会长、理事会或是其中之头面人物（朕谨愿，会长可以权且成为这个人）亦将拥有职权在朕伦敦城的某个学院、某个公共地带、某间大厅，或是其他伦敦城10英里范围内的方便地带集会。他们的集会也将一直享有全权职权，会聚全体人员拟定、起草、通过、创制、确立这些法律、法典、法案、法令和章程。依据他们的明智睿断，这些书面文件应当在他们或是他们之中的头面人物看来是良善、有益、荣誉、必要的，他们也将依次料理和交办一切属于前述皇家学会的其他事务和事项。朕谨愿，依据本封文书，对前述出炉的一切法律、法典、法案、法令和章程，朕和朕的子嗣、继承者都将坚定地命令、下令并指令，这些文书理当始终不渝地、依据其要旨和实效而一体遵守。然而，前述法律、法典、法案、法令和章程皆应合理施行，需与朕英格兰王国之法律、习惯、法案或是法典并不抵触。

进一步说，朕谨以所蒙之殊福、特享之知识、纯粹之动力，朕和朕的子嗣、继承者依据本封文书赐予、授予前述皇家学会理事会和会员及其继承者以永远之全权职权，选举、提名并任命一名及以上之印刷工及排字工人、雕版工人及铜版工人，以前述皇家学会之名义授予他们公章，由会长亲手签名，全体工人印刷与前述（皇家）学会相关相应的事务、公务之文书。奉前述皇家学会会长、理事会，或是7名及以上理事会成员（朕谨愿前述之皇家学会会长是这个人）之命，将这些事务一直交办于前述之印刷工及排字工人、雕版工人及铜版工人，他们到任履职之前先要立下圣誓，宣誓之时面对会长和理事会，或是7人及以上之理事会成员，依据前述誓言之形式和效果而行；对于相同之会长和理事会或是对7人及以上之理事会成员，朕依据本封文书，谨此授予并给他们以全职全权监督前述誓言。

进一步说，为求前述会长、理事会和皇家学会会员在他们之哲学研究上获致更佳成果，朕谨以所蒙之殊福、特享之知识、纯粹之动力，朕和朕的子嗣、继承者依据本封文书赐予、授予前述皇家学会理事会和会员及其继承者如下权利：他们也将永远享有全权职权在适当时候、根据他们之意见需求，博取、得到、接受那些刽子手处决之死囚尸体，并以妥适之仪节方式解剖之，一如朕伦敦城内科医生学院和外科医生协会行使并享有的权利一样，他们也将得以有权接受并使用这些尸体。

进一步说，为求前述皇家学会实验、艺术和科学事业之推进，朕谨以所蒙之殊福、特享之知识、纯粹之动力，朕和朕的子嗣、继承者依据本封文书赐予、颁授前述皇家学会会长、理事会及会员（及其继任者）永续的全权职权，前述会长、理事会或是任何7人及以上成员得以皇家学会的名义、盖上前述的公章，与所有来头的外国人和外乡人书信函札相往来。通信对象无分私人或是学院，也无关社团或是法人，都不应受到任何干扰、中断或是阻挠。然而，需保证，朕如前所述首肯之纵容，尚不至于使其逸出前述皇家学会未来在哲学、数学或是机械学的特定利益和实利之外。

进一步说，朕和朕的子嗣、继承人也根据本封文书给予并授予前述皇家学会会长、理事会和会员（及其继承者）在伦敦城内或是10英里范围之内以全权职权竖起、修建、修筑一座或是多座建筑物，或是以全权职权决策竖起、修建、修筑之（任一种类及特性），以为前述皇家学会会长、理事会和会员居住、集会或开会之用，也为料理、分派皇家学会之公务及杂务之用。

进一步说，朕谨愿，依据本封文书，倘若前述皇家学会之会务或是行政出现、发生任何弊案或是龃龉，以至于皇家学会的事务、会务、研究进程、章程、稳定遭遇伤害或阻碍之时，朕和朕的子嗣、继承者也将进行授命、组织和任命之事。一旦类似情形持续的话，朕和朕的子嗣、继承者亦将依据本封文书授权（授命）、提名、分派和任命前述朕极为敬爱且极受信赖之克拉伦东伯爵、上院议员、英格兰大法官、国王表兄爱德华，以他的名义在他在世时与两名主秘书官，或是其他4人及以上的人，负责排解、弥合、调和这些龃龉和弊案。若爱德华不在人世，依次顺位则是坎特伯雷大主教、英格兰大法官、财务大臣、伦敦主教和掌玺大臣。

进一步说，依据本封文书，朕和朕的子嗣、继承者都将坚定地命令、下令并指令，所有法官、市长、市议员、市司法官、法警、治安官等官员、大臣，还有朕和朕的子嗣、继承者治下的臣民，基于朕特许状文书之真义，他们都将一直资助、协助前述皇家学会会长、理事会和会员（及其继承者）的工作。

朕与先王先族曾对前述皇家学会会长、理事会和会员年年表达真挚关切，认可其价值，或以其他礼物和授权之形式照拂学会，并未体现在本封文书；抑或其他任何法典、法案、法规、条例、宣言或是其他任何事项、事务和事由，无论此前以何种方式出台、草拟、颁布、授权或是规定，本封文书如非明示即予排除。

据此，朕已将这些文书制成特许状。朕于御统第14年的7月15日于威斯敏斯特宫亲证。

国王御立

霍华德

附录 3 实验和观察数据

I
一份某人在伦敦完成的输血实验的记录

该实验演示于 1667 年 11 月 23 日，地点是阿伦德尔府，被试人是亚瑟·科加先生。有不少地位显赫或是才智过人之士在场。主持实验的是两位博学多能的物理学家兼解剖学家，理查德·洛威尔医生和埃德蒙·金医生。金医生负责将实验过程记述如下：

我们以如下方式进行将血液注入人体静脉的输血实验。我们先准备好了一只小绵羊的颈动脉，再将一支银质管子嵌入羽毛管，以便让血液从管子流进一只浅碗。就在几乎一分度的空间里，大约 12 盎司的羊血从管子进到了浅碗里，这就是我们输入人体的羊血的定量。一切就绪后，我们遂在这个人的手臂上确定静脉的位置。他的静脉似乎在我们准备插进的管子面前显得太小，于是我们就换了另一支管子，尾端大概比之前的管子细了三分之一。紧接着我们就在静脉上开了个口子，照着既定的方案输血，这套方案曾以"第 28 号"为名发表，我们对这套方案，除了其中一条管子的形状之外，并未有任何其他的改动。我们发现，这番改动对我们的实验目的更加便利。一俟打开此人手腕的静脉，我们按照通常静脉切割术娴熟地放出了 6 到 7 盎司的血。紧接着，我们将上述的银质管子接进上述切口，并将羽毛管嵌进这两根已经嵌入人和羊体内的银质管子，将绵羊的颈血输入人体的静脉。但在开始经由羽毛管和银质管子进入人的手臂之前，羊血已经放出了1分度之多。随后，羊血不受阻碍地进入人体静脉，至少输入了2分度体量。因此，我们可以在银质管子末端的人体静脉那里感受到一股脉动，这位病人说他并没有感觉到血液的热（这与之前法国实验里的主角一样），不过这也许要归咎于管子的长度。血液流经管子的过程之中丢失了大部分热量，因此才得以以非常适合静脉血液的样态输入人体。经我们判断，人体静脉接受的血量在9到10盎司之间：这是因为，我们让管子比之前1分钟输入12盎司的时候细了三分之一，我们可以非常有把握地推测，2分钟内输入静脉的血液其实与另一支输入浅碗的管子1分钟的量相等。考虑到所有因素，血液在第2分钟输入的量并不如第1分钟和第3分钟那么多。不过，血液在这两分钟内一直畅通无阻地输出。我们得出这个结论的原因如下：首先，我们在那时候感受到了一次脉动；其次，被试人表示他认为够多了，于是我们从静脉中拔掉了管子，羊血也如一股射流一般喷涌而出；如果在前两分钟之内有任何阻碍的话，这种情况就不会发生；血液本就非常易于在管子中凝结，至少是有所滞碍，特别是考虑到管子加在一起三倍于羽毛管的长度。

被试人无论是在实验中还是实验之后都感觉身体良好，他本人也亲自执笔撰写了实验记录。他认为，他从实验中得到的收益要远远大于我们认为他理当拥有的酬金。他还敦促我们三四天后在他身上重做这个实验，不过我们认为这个间隔时间要再拉长一些会比较好。到下一次的时候，我们希望能更精确一些，特别是要在实验前后称量一下供血动物的重量，就可能丢失的血量有着更精准的测算。

[《自然科学会报》II卷第30期，1667年。埃德蒙·金于当年12月做了第二次将羊血输入亚瑟·科加体内的实验。科加在12月19日的皇家学会一次会议上现身发言，"发现他自己现在健康状况极为良好，尽管第一次输血的时候有些发热，但那要归罪于他自己实验后的饮酒过量"。（伯奇，《皇家学会史》，II卷，227页）输血实验的热潮在1668年后消退，因为那一年法国外科医生让-巴普蒂斯特·丹尼斯做了与洛威尔和金两人一模一样的实验，然而却杀死了被试人。]

II

备受敬重的罗伯特·玻意耳对于发光之肉的一些观测，

出自1671/72年，2月15日给出版商的一封信，

并在皇家学会上宣读

昨天晚上我正要就寝时，我的某个长于观测的书记员告诉我，家里某个仆人在处理牛肉片的时候出了点状况：她（尽管是在暗处）看到了某些闪闪发光的东西，吓了一跳。发光地点正是肉片之前悬挂的地方，于是我让肉放在那里，先休息了一会儿，随后把肉带进了我的卧室，放在室内的一处足以看起来漆黑一片的角落里。于是我满怀惊喜之情地看到，这块肉的关节处在不同地方各自呈现出腐烂木头或是臭鱼的色泽，这光景是如此的不同寻常，因此我在之后就想到请您一起来见证看到它的欣悦。但深夜不但让我不敢给您带来过分的麻烦，还因为我在多风环境试制新望远镜而患了重感冒（如您所见）。考虑到这一时机，我不敢起身用足够长的时间去做所有那些我构思的试验。不过正因为我已下定决心抽出一点我必须匀出来的时间进行这种观察和试验、适应环境，所以我才能在如此不甚方便的1小时内获得成果。这段观察让我得以在这里向您提交一份简要的记录，记载我寻机注意到的主要情势和现象。

1.我必须告诉您，我们讨论的这件物事是小牛犊脖颈肉。经我询问，这块肉是在周二之前从一名乡下肉贩那里买来的。

2.就这块肉而言，我敢确定无疑地说，肉上面有20多处不同地方都在闪闪发光。不过它们并非一体发光，有些地方也发光但是非常之暗。

3.这些发光肉块的大小各异，有些肉块大得像人的中指指甲一样，有些比这还大，但绝大多数都要更小。这些肉块的图案放在一起也并不统一，有些像是一个圆圈，有些几乎是椭圆状，但是其中最大的都是非常不规则的形状。

4.那些最亮的肉块，其实在黑暗中不是那么容易识别，乃是骨头上的软骨或是软组织，屠户切肉刀所过之处。不过它们并非仅有的发光部分，我们在脊髓附近来回摸索，其中一部分并不发光；我在肌腱找到一处隐隐发光的地方；最后，距离骨头甚远的肉块部分，尚有三四处斑点靠的是它们自身的光亮而瞩目。尽管这些斑斑点点要比之前提到的那些发光处黯淡得多了。

5. 上述所有发光体都得到——审视之时，它们构建出一幅极为绚烂之景。不过这并不是那么容易，考虑到这块肉的湿皱之象，要检视它们的亮度无异于估测萤火虫的光亮——萤火虫那小而干燥的躯体也许恰巧待在一本书上，一步步地从一个单词或是字母挪向另一个字词。不过我真是天赋嘉运，得到求知若渴的本月《自然科学会报》青睐，得以呈递这篇灵活有度的论文，奉献一些更加光亮的斑点，我也可以简单直接地阅读标题上不同但连续的字母。

……

18. 至于今天早晨又会有什么进一步的现象留待我发现，我没法说了。因为天亮之前我就被急匆匆地叫去照顾一个侄女，她是我非常在乎也非常应该照顾的侄女。她被认为正在生死关头，几乎喘不上气的状况也让我心急火燎，迫使我抽出时间去照顾她，从而几乎不再有任何时间从事哲学"娱乐"。哲学活动至少需要的是冷静，如果不是自得其乐的心态的话。我只能注意一下这块肉，因为观察它不会浪费我哪怕一小时中的一分钟时间。就在他们给我蜡烛帮我上楼的时候，我注意到一个小玻璃瓶，我正是之前将一小块发光的肉盛了进去，放在床头。我发现当时这个玻璃瓶明亮异常，此时也是早晨四点到五点之间。从那之后，我就没再做任何观察或是试验。

（《自然科学会报》，VII卷第89期，1672年。玻意耳的侄女后来恢复如初，他也邀请了亨利·奥登伯格——这封信的收信人——还有皇家学会的其他几名会员到他家里观察这块发光的牛肉。在最初发现过了六天之后，这块肉还在发光。不过到了第七天，光亮就全然消失了。）

III

皇家学会会员安东尼·范·列文虎克的两封书信节选，讨论了那些好像是从牙齿长出来的蠕虫。荷兰德尔夫，1700年7月27日。

先生：

您最称亲切的书信（日期为旧历7月4日）已于7月19日（新历）收悉：我在收信封里随即打开了一块黑色丝绸，发现了两只死去的蠕虫和一只活的蠕虫。您寄来这封信是告诉我，这些虫子是从一枚烟熏蛀齿里取出来的。

当即我就自己动手，弄清楚它们是哪一种蛀虫，以及是怎么长出来的。

我没花多少时间考虑那条活着的蠕虫，这条蠕虫正在长成完全态的一半大小。我得出结论，这条虫子是从一只小苍蝇的卵长出来的。那种苍蝇就是绝大多数干酪店里常见的，它们有特殊的分泌物将虫卵产在奶酪上。现在，这些蠕虫从虫卵里孵化而出，钻透干酪，从中吸取营养而生长，之后，虫子会再次变成苍蝇。

而当小虫子长成了我们肉眼可见的一坨的时候，我们就叫它们蠕虫。

我取来一根一端有虫卵附着的玻璃管子，这根管子大概比一根手指要长，大概半英寸宽；我将那条活的蠕虫放进管子，还有几团特别老肥的奶酪，意在做一个观察如果蠕虫吃奶酪的话能否生长完全的实验。

我用一根软木塞堵住玻璃管，我有把握认为，这条蠕虫也许会在玻璃管里活下来且长大，与一块硬干酪覆盖的环境并无不同。

我非常有信心地说，无论是死蠕虫还是活蠕虫都是之前提到的这些种类。我去到干酪店找到了那种老干酪，并将其中一些小蠕虫拿到了我家。

我将其中最大的6到8只蠕虫装进了两根各不相同的玻璃管，还把您给我的死蠕虫装进了另一根管子，意在用放大镜比较活蠕虫和死蠕虫：这样可以辨认出最细微的差别，无论是头部还是整个躯体。

这些蠕虫关了整整5天没有食物，我观察到它们在咬玻璃瓶口的软木塞。于是我放进了一点干酪。如果它们没有完全生长的话，也许就会为了长成苍蝇而不再想要食物。

我也尽力将其中一只蠕虫摆成体态伸展的平静姿态，以便观察其内部构造，我这么做还成功了几次：于是我满怀敬意地看到了蠕虫体内所有蠕动着的东西，一千个人里怕是都不会有一个人相信，就是这么一只卑劣渺小的蠕虫体内，却能看到这么多东西：

在某个地方我认为我看到了心脏的跳动，而在不远处则是胃部的蠕动，但即便在所有这些窄而又窄的观察之后，我也不能形容上述组织里有过的任何血液流动，那种我认为人类静脉似的流动。如果切开其中一只蠕虫，并将其血管放大检视的话，它们就将呈现出令人惊叹的管道，在我看来像是血管。

我会乐意知道这些生物是靠着干酪以外的什么食物生活。首先，因为我从未在干酪以外的地方看到过它们；其次，因为它们不会从肉里长出来。对于那些从肉上蝇卵里长出来的蠕虫，我们叫它们螨虫或是飞弓虫，这些在9天之内就完全长成，而对那些在干酪里长出来的蠕虫而言，它们的生长需要更长时间。还有，肉类没有盐分或是烟熏的话，不会保留这么长时间。

事情至此我们必须得出结论：这些小苍蝇总是自然而然地将虫卵产在不轻易腐败的物质上；现在我们必须合理推测，干酪正是这种物质。

让我们想象一下这位因为吞云吐雾从牙齿送出蠕虫的病人。之前一些时候，他先是吃下了那些装满小蠕虫或是前文所述的苍蝇卵的干酪。这些蠕虫或是蝇卵并未在咀嚼干酪的过程中被触碰或是咬坏，而是进入了蛀齿，并最终深深钻进了牙齿之中。它们噬咬着可感的部位，并因此带来极大疼痛。

口中或是牙齿吸入的烟雾竟会有将蠕虫送出蛀齿之效果，这对我而言显得颇为古怪。因为我没法想象，这些小蠕虫是如何有呼吸的，又是如何被烟雾伤害得这么重，以至于它们不得不离开。

为了能在这一点上自圆其说，我找来了一枚玻璃球，直径几乎有3英寸。球体有个小小孔洞，和鹅毛管的粗细同等。我接着将最大体态的干酪蠕虫放进玻璃球，再将玻璃球放到燃烧的硫黄里两到三次（硫黄有一把刀刀背那么宽，置于细长烟卷里），我发现，燃烧的硫黄几乎完全没有伤到蠕虫，我看了很久都是如此；硫黄燃烧约一个小时之后，我将玻璃球拿到鼻子面前，仍然可以清楚地感觉到硫黄的味道。

众所周知，我们点着硫黄的时候，硫黄并未泯灭，而只是化作一些我们看不到的细小颗粒罢了。据此，在这个实验里我看到了无限之多、非常微小的硫黄质颗粒，它们附着在玻璃球内部，在我面前呈现圆圈状。

我一次又一次地往玻璃球里加水，并将玻璃球放置在阳光射线之下（而没有将玻璃放在地上），这样的话聚起光来，可以烧掉纸张。

我还要感谢有关这些蠕虫的通信，特别是因为有不少人都希望从我这里知道它们的来历。大家还说，这些虫子并不是生殖出来的，而是自己凭空生出来的，现在我们必须考虑恰恰相反的结论，那才应当被视为真相。

您满怀善意寄给我的那只活虫，我还让它活着。我想我只能认为，这只虫子比我刚拿到的时候长大了许多。我会试着让它继续生长，直至成蝇。

这些蠕虫有着非常坚硬致密的外皮，也许这些外皮势将存留很久。

我还记得几年之前，我的亡妻曾经备受蛀齿之苦。她抱怨说疼得要命，就像是牙龈肉被噬咬似的。

我们不止一次叫了内科医生来，许多药物我们都试过了却无济于事，最后他发现，往蛀齿里灌进硫酸盐油的话最有效果。我使用玻璃器皿，将硫酸盐油灌进蛀齿而不伤肌肉。

现在看来有可能的是，她也许是在大嚼干酪的时候带进了一只或是多只这一类的小蠕虫，正是这些小蠕虫弄得牙齿发白霉烂，也生出了一大群小蠕虫。她没有观察到这一点，遂大为烦恼。根据我们的假定，疼痛也许正是这些蠕虫所致，后来它们被硫酸盐油杀死了，我们却对此一无所知。

[《自然科学会报》，XXII卷，第265期（1701年）。荷兰人安东尼·范·列文虎克常常以"显微镜学之父"闻名，他也定期与皇家学会通信。1680年，列文虎克当选为皇家学会会员。皇家学会每两年一次颁发列文虎克奖章，并随之进行列文虎克讲座，意在纪念他与学会的联系。]

注释

引子

1 Joshua 10:13; Martin Luther,
   Tablebook (Tischreden); John Calvin,
   Commentary on Genesis.

2 B. A., *Sick-man's Jewel*, p. 14.

3 Ibid., p. 13.

4 University of Oxford, *Statutes*, vol. 1, p. 31.

5 Carlo, *The Sidereal Messenger*, p. 10.

6 Ibid., pp. 42–3.

7 Waters, *The Art of Navigation*, p. 299.

8 Bacon, *Francisci de Verulamio*, p. 19.

9 Clark, 'Brief Lives', vol. I, p. 75.

第一章 奠基

1 Anon., *News from the Dead, or a True
   and Exact Narration of the Miraculous
   Deliverance of Anne Greene* (1651).

2 Birch, *History of the Royal Society*, vol.
   I, p. 3.

3 Ibid., p. 4.

4 Pope, *Life of Seth*, pp. 20–1.

5 Wallis, *A Defence of the Royal Society*,
   p. 7.

6 Ibid., p. 8.

7 Pope, *Life of Seth*, p. 29.

8 Robinson, pp. 69, 70.

9 Turnbull, 'Samuel Hartlib's
   Influence', p. 114.

10 Evelyn, *Diary*, vol. I, p. 295.

11 Clark, 'Brief Lives', vol. I, p. 276.

12 J. Ward, *Lives of the Professors*, p. 241.

13 Copeman, 'Dr Jonathan Goddard',
   p. 72.

第二章 章程

1 Birch, *History of the Royal Society*, vol.
   I, p. 4.

2 Ibid., p. 5.

3 Ibid.

4 Hunter, 'Social Basis', p. 14.

5 Birch, *History of the Royal Society*, vol.
   I, p. 7.

6 Ibid., 6.

7 Lyons, *The Royal Society*, p. 27.

8 Evelyn, *Diary*, vol. I, p. 365.

9 Birch, *History of the Royal Society*, vol. I, p. 50.

10 Ibid., p. 85.

11 Ibid., p. 107.

12 Ibid., p. 104.

13 The First Charter. See p. 177–90.

14 Birch, *History of the Royal Society*, vol. IV, p. 144.

第三章 实验

1 Birch, *History of the Royal Society*, vol. IV, p. 138.

2 Sprat, *History of the Royal-Society*, p. 61.

3 Hunter, *Establishing the New Science*, pp. 223, 224.

4 Birch, *History of the Royal Society*, vol. I, p. 5.

5 Ibid., p. 7.

6 Ibid., pp. 9–10.

7 Ibid., p. 8.

8 Ibid., p. 17.

9 Ibid., vol. IV, p. 101.

10 Ibid., vol. I, p. 83.

11 Ibid., p. 66.

12 Ibid., p. 35.

13 Ibid., p. 10.

14 Hall, *Promoting Experimental Learning*, p. 31.

15 Birch, *History of the Royal Society*, vol. I, p. 124.

16 J. Ward, *Lives of the Professors*, p. 187.

17 Birch, *History of the Royal Society*, vol. I, p. 125.

18 Ibid., p. 179.

19 Hooke, *Micrographia*, Dedication.

20 Oldenburg, *Correspondence*, vol. III, pp. 230–1.

21 Birch, *History of the Royal Society*, vol. II, pp. 214–15.

22 *Philosophical Transactions, 9 December* 1667, p. 1.

23 Ibid., p. 2.

24 Birch, *History of the Royal Society*, vol. II, p. 216.

25 'Espinasse, *Robert Hooke*, p. 52.

26 Birch, *History of the Royal Society*, vol. IV, p. 518.

第四章 自然科学会报

1 *Philosophical Transactions*, I, title page.

2 Ibid., vol. I, no. 1 (6 March 1665), p. 15.

3 Andrade, 'Birth and Early Days', pp.

26–7.

4 First Charter. See p. XX.

5 Kronick, 'Notes on the Printing History', p. 244.

6 Ibid., p. 245.

7 *Philosophical Transactions*, vol. I (6 March 1665), p. 2.

8 Ibid., vol. III (1 January 1668), no pagination.

9 *Philosophical Collections*, vol. I (1679), p. 1.

10 Ibid., vol. II (1681), p. 10.

11 *Philosophical Transactions*, vol. XIII (1683), p. 2.

12 Ibid.

第五章 储藏室和实验室

1 Sprat, *History of the Royal-Society*, p. 434.

2 Royal Society MS ED W 3, 7: Wren to Oldenburg, 7 June 1668.

3 Martin, 'Former Homes', p. 14.

4 Ibid.

5 *Macky, A Journey Through England*, p. 165.

6 Martin, 'Former Homes', p. 16.

7 Birch, *History of the Royal Society*, vol.

I, p. 321.

8 Hubert, A *Catalogue of Many Natural Rarities*, title page.

9 Ibid., p. 1.

10 Ibid., p. 10.

11 Ibid., p. 50.

12 Ibid., pp. 66, 67.

13 Hunter, *Establishing the New Science*, p. 136.

14 Grew, *Musæum Regalis Societatis*, title page.

15 Ibid., p. 83.

16 Ibid., p. 2.

17 Hatton, A New View of London, vol. II, p. 666.

18 Anon., *British Curiosities*, p. 44.

19 E. Ward, *London-Spy Compleat*, p. 59.

20 Thomas, 'A "philosophical storehouse"', p. 26.

21 Ibid., p. 32.

22 Anon., *Country Spy*, p. 43.

23 Thomas, 'A "philosophical storehouse"', p. 38.

24 RS Original Journal Book, 25, 17 November 1763, p. 138.

25 Thomas, 'A "philosophical

storehouse"', p. 121.

第六章 伟大人物

1 Sorbière, *Voyage To England*, p. 36.

2 Ibid.

3 Ibid., p. 37.

4 Evelyn, *Diary*, vol. II, p. 154.

5 Birch, *History of the Royal Society*, vol. IV, p. 92.

6 Ibid., p. 158.

7 Andrade, *Brief History*, p. 6.

8 Birch, *History of the Royal Society*, vol. III, p. 269.

9 BL Add MS 4241.

10 Andrade, *Brief History*, p. 8.

11 Lyons, *The Royal Society*, p. 218.

第七章 手杖和石头

1 Evelyn, *Silva*, 'To the Reader' [no pagination].

2 Ibid.

3 Ibid.

4 Sprat, *History of the Royal-Society*, 'Epistle Dedicatory'.

5 Ibid., p. 249.

6 Ibid., p. 438.

7 South, *Sermons*, vol. I, pp. 220–1.

8 Ibid., p. 222.

9 South, *Discourses*, p. 323.

10 Glanvill, *Plus Ultra*, p. 7.

11 Sprat, *History of the Royal-Society*, p. 417.

12 Pepys, *Diary*, vol. V, p. 33.

13 Shadwell, *Virtuoso*, act II, scene 2, ll. 190–4.

14 Ibid., act V, scene 2, ll. 82–8.

15 Hooke, *Diary*, 2 June 1676.

16 Wotton, *Reflections upon Ancient and Modern Learning*, pp. 393–4.

17 H. K. Miller, 'Henry Fielding's Satire', p. 73.

18 Hill, *Dissertation*, p. 35.

19 Ibid., p. 24.

20 Ibid., pp. 32–3.

21 Hill, *Review of the Works*, pp. 18, 42, 95.

第八章 改革

1 Foster, 'A Note on the History', p. 509.

2 Granville, *Science Without a Head*, p. 81.

3 Ibid., p. 82.

4 Babbage, *Reflections on the Decline,* p. 53.

5 Ibid., p. 141.

6 Sir J. South, *Charges Against the President* , p. 13.

7 Granville, *Science Without a Head*, p. 37.

8 Ibid., p. 49.

9 Ibid., p. 84.

10 *The Times*, 27 October 1830, p. 5.

11 Ibid., 29 October 1830, p. 2.

12 Ibid., 25 November 1830, p. 2.

13 Ibid., 1 December 1830, p. 2.

14 Lyons, *The Royal Society*, p. 272.

第九章 异域

1 Birch, *History of the Royal Society*, vol. II, pp. 418–20.

2 Ibid., vol. III, p. 46.

3 Carter, 'The Royal Society' , p. 246.

4 Ibid.

5 Hornsby, 'On the Transit of Venus' , p. 344.

6 Carter, 'The Royal Society' , p. 249.

7 Ibid., p. 251.

第十章 美丽新世界

1 Mason, 'Women Fellows' , p. 126.

2 Ibid.

3 *The Times*, 22 June 1899, p. 12.

4 Mason, 'Hertha Ayrton' , p. 213.

5 Ibid., p. 211.

6 www.legislation.gov.uk/ukpga/Geo5/9-10/71/section/1/enacted.

7 www.npl.co.uk/about/history/.

8 Hughes, 'Divine Right or Democracy?' , S115, n. 14.

9 Ibid., p. 104.

10 Ibid., p. 102.

11 Ibid., p. 108.

12 *Manchester Guardian*, 2 December 1935, p. 12.

13 Ibid.

14 www.royalsociety.org/news/2017/11/president-anniversaryaddress/.

15 www.royalsociety.org/.

16 www.royalsociety.org/about-us/missionpriorities/.

附录

1 Hooke, *Diary*, p. 321.

2 Youngson, 'Alexander Bruce', p. 257.

3 Birch, *History of the Royal Society*, vol.

I, pp. 15, 8.

4 Clark, '*Brief Lives*', vol. II, p. 82.

5 Ibid., p. 144.

6 Pepys, *Diary*, vol. V, p. 27.

7 Clark, '*Brief Lives*', vol. II, p. 144.

8 Birch, *History of the Royal Society*, vol.

I, p. 98.

9 Clark, '*Brief Lives*', vol. II, 301.

10 Pope, *Life of Seth*, p. 29.

11 Henry, 'Wilkins, John'.

12 Wren, *Parentalia*, pp. 198-9.

参考文献

Andrade, E. N. da C., *A Brief History of the Royal Society*, London, 1960.

———— 'The Birth and Early Days of the Philosophical Transactions', *Notes and Records of the Royal Society of London*, 20:1, Jun 1965, 9–27.

Anon., *British Curiosities in Nature and Art*, London, 1713.

Anon., *The Country Spy, or a Ramble through London*, London, 1730.

B. A., *The Sick-man's Rare Jewel*, London, 1674.

Babbage, Charles, *Reflections on the Decline of Science in England and on Some of its Causes*, London, 1830.

Bacon, Francis, *Francisci de Verulamio, Summi Angliae Cancellarii, Instauratio Magna*, London, 1620.

Bennett, J. A., 'Wren's Last Building?', *Notes and Records of the Royal Society of London*, 27:1, Aug 1972, 107–18.

Birch, Thomas, *The History of the Royal Society of London, 4 vols*, London, 1756–7.

Carlo, E. S. (ed. and trans.) *The Sidereal Messenger of Galileo Galilei and a Part of the Preface to Kepler's Dioptrics*, London, 1880.

Carter, Harold B., 'The Royal Society and the Voyage of HMS "Endeavour" 1768–71', *Notes and Records of the Royal Society of London*, 49:2, Jul 1995, 245–60.

Chico, Tita, 'Gimcrack's Legacy: Sex, Wealth and the Theater of Experimental Philosophy', *Comparative Drama*, 42:1, Spring 2008, 29–49.

Clark, Andrew (ed.) *'Brief Lives,' chiefly of Contemporaries, Set Down by John Aubrey*, 2 vols, Oxford, 1898.

Copeman, W. S. C., 'Dr Jonathan Goddard, F.R.S. (1617–1675)', *Notes and Records of the Royal Society of London*, 15, Jul 1960, 69–77.

Derham, W., *Philosophical Experiments*

and Observations of the Late Eminent Dr. Robert Hooke, London, 1706.

'Espinasse, Margaret, Robert Hooke, London, 1956.

Evelyn, John, A Panegyric to Charles the Second, London, 1661.

_____Silva, Or a Discourse of ForestTrees, 4th ed., London, 1706.

_____The Diary of John Evelyn, ed. William Bray, 2 vols, London, 1950.

Fogg, G. E., 'The Royal Society and the Antarctic', Notes and Records of the Royal Society of London, 54:1, Jan 2000, 85–98.

Foster, M., 'A Note on the History of the Statutes of the Society', Proceedings of the Royal Society of London, 50, 1891-2, 501-15.

Glanvill, Joseph, Plus Ultra: Or, the Progress and Advancement of Knowledge Since the Days of Aristotle, London, 1668.

Granville, Augustus Bozzi, ['One of the 687 F.R.S.sss'], Science Without a Head; or, The Royal Society Dissected, London, 1830.

Grew, Nehemiah, Musaeum Regalis Societatis, London, 1681.

Hall, Marie Boas, Promoting Experimental Learning: Experiment and the Royal Society 1660-1727, Cambridge, 1991.

Hatton, Edward, A New View of London, 2 vols, London, 1708.

Hemmen, George E., 'Royal Society Expeditions in the Second Half of the Twentieth Century', Notes and Records of the Royal Society of London, 54, Supplement 1, 20 September 2010, S89– S99.

Henry, John, 'Wilkins, John (1614–1672)', Oxford Dictionary of National Biography, 2004, online edition, available at www. oxforddnb.com.

Hill, Sir John, A Dissertation on Royal Societies, London, 1750.

_____ A Review of the Works of the Royal Society of London, 2nd ed., London, 1780.

Hooke, Robert, Micrographia: Or Some Physiological Descriptions of Minute

Bodies, London, 1665.

_____ *The Diary of Robert Hooke*, ed. by Henry W. Robinson and Walter Adams, London, 1935.

Hornsby, Thomas, 'On the Transit of Venus in 1769', *Philosophical Transactions*, 55, 1765, 326–44.

Hubert, Robert, *A Catalogue of Many Natural Rarities*, London, 1665.

Hughes, J., 'Divine Right or Democracy? The Royal Society "Revolt" of 1935', *Notes and Records of the Royal Society of London*, 64, Supplement 1, 20 September 2010, S101–S117.

Hunter, Michael, 'The Social Basis and Changing Fortunes of an Early Scientific Institution: An Analysis of the Membership of the Royal Society, 1660–1685', *Notes and Records of the Royal Society of London*, 31:1, Jul 1976, 9–114.

_____ *Establishing the New Science: The Experience of the Early Royal Society*, Woodbridge, 1989.

Kronick, David A., 'Notes on the Printing History of the Early "Philosophical Transactions"', *Libraries & Culture*, 25:2, Spring 1990, 243–68.

Lloyd, Claude, 'Shadwell and the Virtuosi', *PMLA*, 44:2, Jun 1929, 472–94.

Lyons, Sir Henry, *The Royal Society 1660–1940: A History of its Administration under its Charters*, Cambridge, 1944.

Macky, John, *A Journey Through England, in Familiar Letters from a Gentleman Here, to His Friend Abroad*, London, 1714.

Martin, D. C., 'Former Homes of the Royal Society', *Notes and Records of the Royal Society of London*, 22:1–2, Sep. 1967, 12–19.

Mason, Joan, 'Hertha Ayrton (1854–1923) and the Admission of Women to the Royal Society of London', *Notes and Records of the Royal Society of London*, 45:2, Jul 1991, 201–20.

_____ 'The Women Fellows' Jubilee', *Notes and Records of the Royal Society* of London, 49:1, Jan 1995, 125–40.

Miller, David Philip, 'The Usefulness of Natural Philosophy: The Royal Society and the Culture of Practical Utility in the Later Eighteenth Century', British Journal for the History of Science, 32:2, Jun 1999, 185–201.

Miller, Henry Knight, 'Henry Fielding's Satire on the Royal Society', Studies in Philology, 57:1, Jan 1960, 72–86.

Oldenburg, Henry, Correspondence, ed. and trans. A. Rupert Hall and Marie Boas Hall, 13 vols, London, 1965–86.

Olson, R. C., 'Swift's Use of the "Philosophical Transactions" in Section V of "A Tale of a Tub"', Studies in Philology, 49:3, Jul. 1952, 459–67.

Pepys, Samuel, The Diary of Samuel Pepys, ed. by Robert Latham and William Matthews, 11 vols, London, 2000.

Philosophical Collections, 7 vols (London, 1679-82). Philosophical Transactions, online, available at http://rstl. royalsocietypublishing.org/

Pope, Walter, The Life of Seth, Lord Bishop of Salisbury, Oxford, 1961.

Robinson, H. W., 'An Unpublished Letter of Dr Seth Ward Relating to the Early Meetings of the Oxford Philosophical Society', Notes and Records of the Royal Society of London, 7:1, Dec 1949, 68–70.

Shadwell, Thomas, The Virtuoso, ed. by Marjorie Hope Nicolson and David Stuart Rodes, Lincoln, NE, 1966.

Sorbière, Samuel de, A Voyage To England, Containing Many Thinks Relating to the State of Learning, Religion, and other Curiosities of that Kingdom, London, 1709.

South, Sir James, Charges Against the President and Councils of the Royal Society, 2nd ed., London, 1830.

South, Robert, Discourses on Various Subjects and Occasions, Boston, 1827.

_____Sermons Preached Upon Several Occasions, 4 vols, Philadelphia, 1844.

Sprat, Thomas, The History of the RoyalSociety of London, London, 1667.

Stewart, Larry, 'Other Centres of Calculation, or, Where the Royal Society Didn't Count: Commerce,

Coffee-Houses and Natural Philosophy in Early Modern London', *British Journal for the History of Science*, 32:2, Jun 1999, 133-53.

Syfret, R. H., 'Some Early Critics of the Royal Society', *Notes and Records of the Royal Society of London*, 8:1, Oct 1950, 20-64.

Thomas, Jennifer M., 'A "philosophical storehouse" : the life and afterlife of the Royal Society's repository', unpublished PhD thesis, Queen Mary University of London, 2009.

Tinniswood, Adrian, *His Invention So Fertile: A Life of Christopher Wren*, London, 2001.

Turnbull, G. H., 'Samuel Hartlib's Influence on the Early History of the Royal Society', *Notes and Records of the Royal Society of London*, 10:2, Apr 1953, 101-30.

University of Oxford, *Oxford University Statutes*, trans. G. R. M. Ward, 2 vols, London, 1845-51.

Wallis, John, *A Defence of the Royal Society*, London, 1678. Ward, Edward, *The London Spy Compleat*, London, 1703.

Ward, John, *The Lives of the Professors of Gresham College*, London, 1740.

Waters, David W., *The Art of Navigation in England in Elizabethan and Early Stuart Times*, London, 1958.

Wotton, William, *Reflections upon Ancient and Modern Learning*, 3rd ed., London, 1705.

Wren, Christopher, *Parentalia: or, Memoirs of the Family of the Wrens*, London, 1750. Youngson, A. J., 'Alexander Bruce, F.R.S., Second Earl of Kincardine (1629-1681)', *Notes and Records of the Royal Society of London*, 15, Jul 1960, 251-8.

图片来源

扉页后 The Wellcome Trust;

pp. 9, 15, 23 © National Portrait Gallery, London;

pp. 26-27 Guildhall Library & Art Gallery / Heritage Images / Getty Images;

pp. 29 Netherlands Institute for Art History, The Hague;

pp. 37 © Philip Mould Ltd, London / Bridgeman Images;

pp. 40 © National Portrait Gallery, London;

pp. 51, 57, 58 Science Photo Library;

pp. 66 Philosophical Transactions;

pp. 68, 73 © The Royal Society;

pp. 80–81 The Wellcome Trust;

pp. 83, 88 © The Royal Society;

pp. 99, 100 © National Portrait Gallery, London;

pp. 102-103 Principia Mathematica;

pp. 105, 107 © National Portrait Gallery, London;

pp. 108 Science Photo Library;

pp. 118 The Wellcome Trust;

pp. 124, 130-131 © The Royal Society;

pp. 134 Chronicle / Alamy Stock Photo;

pp. 137 © National Portrait Gallery, London;

pp. 140 © The Royal Society;

pp. 142-143 Getty Images;

pp.150 © The Royal Society;

pp. 154–155 Alamy Stock Photo;

pp. 158–159 National Maritime Museum, Greenwich;

pp. 160 © The Royal Society;

pp. 167 Library of Congress;

pp. 173 Granger / Bridgeman Images;

pp. 175 © The Royal Society.

译名对照表

人名

A

阿德里安·奥祖 Auzout, Adrian

阿尔伯特·爱因斯坦 Einstein, Albert

阿尔姆罗斯·莱特爵士 Wright, Sir Almroth

阿基米德 Archimedes

阿利斯塔克 Aristarchus

埃德蒙·甘特 Gunter, Edmund

埃德蒙·哈雷 Halley, Edmund

埃德蒙·金 King, Edmund

埃德蒙·沃勒 Waller, Edmund

埃弗拉德·霍姆爵士 Home, Sir Everard

艾萨克·巴罗 Barrow, Isaac

艾萨克·牛顿 Newton, Isaac

爱德华·萨宾 Sabine, Edward

爱德华·泰森 Tyson, Edward

爱德华·詹纳 Jenner, Edward

安东尼·范·列文虎克 Leeuwenhoek, Antonie van

安杰丽卡·考芙曼 Kaufmann, Angelica

安妮·格林 Greene, Anne

奥古斯都·博奇·格兰维尔 Granville, Augustus Bozzi

奥古斯都·弗雷德里克亲王，苏塞克斯公爵 Augustus Frederick, Prince, Duke of Sussex

B

白金汉公爵 Buckingham, Duke of

保罗·尼尔爵士 Neile, Sir Paul

本杰明·富兰克林 Franklin, Benjamin

布拉干萨的凯瑟琳王后 Catherine of Braganza, Queen

C

查尔斯·巴贝奇 Babbage, Charles

查尔斯·达尔文 Darwin, Charles

查尔斯王储 Charles, Prince

查尔斯·斯卡伯格 Scarburgh, Charles

D

戴维斯·基尔伯特 Gilbert, Davies

丹尼尔·科尔沃尔 Colwall, Daniel

第谷·布拉赫 Brahe, Tycho

F

弗朗西斯·阿什顿 Aston, Francis

弗朗西斯·克里克 Crick, Francis

弗朗西斯·培根，圣阿尔本子爵
Bacon, Francis, Viscount St Alban

弗雷德里克·哥兰·霍普金斯爵士
Hopkins, Sir Frederick Gowland

弗雷德里克·索蒂 Soddy, Frederick

G

戈特弗里德·莱布尼茨 Leibniz,
Gottfried

格奥尔格·斯蒂恩海姆 Stiernhelm,
Georg

国王查理二世 Charles II, King

国王查理一世 Charles I, King

国王乔治二世 George II, King

国王乔治三世 George III, King

国王詹姆斯一世 James I, King

H

汉弗莱·戴维爵士 Davy, Sir Humphry

汉斯·斯隆爵士 Sloane, Sir Hans

赫尔莎·艾尔顿 Ayrton, Hertha

亨利·阿姆斯特朗 Armstrong, Henry

亨利·奥登伯格 Oldenburg, Henry

亨利·布里格斯 Briggs, Henry

亨利·菲尔丁 Fielding, Henry

亨利·霍华德 Howard, Henry

亨利·里昂斯爵士 Lyons, Sir Henry

亨利·萨维尔爵士 Savile, Sir Henry

亨利·沃顿爵士 Wotton, Sir Henry

J

伽利略·伽利雷 Galileo, Galilei

基尔伯特·伯内特 Burnet, Gilbert

吉奥瓦尼·卡西尼 Cassini, Giovanni

K

凯瑟琳·伦斯代尔 Lonsdale, Kathleen

克里斯蒂安·惠更斯 Huygens,
Christiaan

克里斯托弗·雷恩 Wren, Christopher

克里斯托弗·梅雷特 Merrett,
Christopher

克伦威尔·莫蒂默 Mortimer, Cromwell

L

拉尔夫·巴瑟斯特 Bathurst, Ralph

拉姆齐·麦克唐纳 MacDonald,
Ramsay

劳拉·奈特 Knight, Laura

劳伦斯·鲁克 Rooke, Lawrence

理查德·霍兹沃斯 Holdsworth, Richard

理查德·罗尔 Lower, Richard

理查德·琼斯 Jones, Richard

鲁珀特亲王 Rupert, Prince

罗伯特·玻意耳 Boyle, Robert

罗伯特·法尔考·斯科特 Scott, Robert Falcon

罗伯特·胡伯特 Hubert, Robert

罗伯特·胡克 Hooke, Robert

罗伯特·莫雷爵士 Moray, Sir Robert

罗伯特·普洛特 Plot, Robert

罗伯特·索斯 South, Robert

罗伯特·索斯维尔爵士 Southwell, Sir Robert

罗德里克·默奇森爵士 Murchison, Sir Roderick

罗莎琳·富兰克林 Franklin, Rosalind

M

马丁·福尔克斯 Folkes, Martin

马丁·路德 Luther, Martin

马尔约里·史蒂芬逊 Stephenson, Marjory

马格斯菲特子爵 Macclesfield, Earl of

马克斯·普朗克 Planck, Max

玛格丽特·卡文迪许，纽卡斯尔公爵夫人 Cavendish, Margaret, duchess of Newcastle

玛格丽特·斯托克斯 Stokes, Margaret

玛丽·莫瑟尔 Moser, Mary

玛丽·萨默维尔 Somerville, Mary

玛丽安·法尔库哈森 Farquharson, Marian

玛丽安妮·诺斯 North, Marianne

迈克尔·法拉第 Faraday, Michael

米切尔·多赫蒂 Dougherty, Michele

穆罕默德·本·哈杜 Mohammed ben Hadou

N

内维尔·马斯基林 Maskelyne, Nevil

尼古拉·哥白尼 Copernicus, Nicolaus

尼古拉斯·斯图尔德爵士 Steward, Sir Nicholas

尼希米·格鲁 Grew, Nehemiah

女王伊丽莎白二世 Elizabeth II, Queen

O

欧内斯特·卢瑟福 Rutherford, Ernest

欧内斯特·沙克尔顿 Shackleton, Ernest

Ramakrishnan, Venki

沃尔特·波普 Pope, Walter

沃尔特·查尔顿 Charlton, Walter

X

希波克拉底 Hippocrates

Y

亚伯拉罕·特伦布利 Trembley, Abraham

亚伯拉罕·希尔 Hill, Abraham

亚里士多德 Aristotle

亚历山大·布鲁斯，第二代金卡丁伯爵 Bruce, Alexander, 2nd Earl of Kincardine

亚瑟·戴克 Dacres, Arthur

亚瑟·科加 Coga, Arthur

伊曼纽尔·门德斯·达科斯塔 da Costa, Emmanuel Mendes

约翰·奥布雷 Aubrey, John

约翰·格里弗斯 Greaves, John

约翰·赫维留 Hevelius, Johannes

约翰·赫歇尔 Herschel, John

约翰·亨特 Hunter, John

约翰·霍顿 Houghton, John

约翰·霍斯金斯 Hoskins, John

约翰·加尔文 Calvin, John

约翰·库特勒爵士 Cutler, Sir John

约翰·欧文 Owen, John

约翰·佩里 Perry, John

约翰·普林格爵士 Pringle, Sir John

约翰·威尔金斯 Wilkins, John

约翰·温斯洛普 Winthrop, John

约翰·沃利斯 Wallis, John

约翰·希尔爵士 Hill, Sir John

约翰·伊夫林 Evelyn, John

约翰尼斯·开普勒 Kepler, Johannes

约克公爵詹姆斯 James, duke of York

约瑟夫·班克斯爵士 Banks, Sir Joseph

约瑟夫·格兰维尔 Glanvill, Joseph

约瑟夫·威廉森爵士 Williamson, Sir Joseph

约瑟夫·道尔顿·胡克爵士 Hooker, Sir Joseph Dalton

Z

扎卡里亚·吉拉姆 Gillam, Zachariah

詹姆斯·克拉克·罗斯 Ross, James Clark

詹姆斯·库克 Cook, James

詹姆斯·索斯爵士 South, Sir James

詹姆斯·沃森 Watson, James

地名、建筑物名称

阿伦德尔府 Arundel House

白金汉府（宫）Buckingham House (Palace)

伯灵顿府 Burlington House

大英博物馆 British Museum

鹤苑 Crane Court

卡尔顿府联排 Carlton House Terrace

牛津大学谢尔登剧院 Oxford, Sheldonian Theatre

切尔西学院 Chelsea College

萨姆塞特府 Somerset House

瓦德汉学院 Wadham College

温彻斯特王宫 Winchester, King's House

专有名词、机构名称

大社团 Great Club

地质学会 Geological Society

格雷沙姆学院 Gresham College

国际科学理事会 International Research Council

国家南极考察 National Antarctic Expedition

国家物理学实验室 National Physical Laboratory

皇家地理学会 Royal Geological Society

皇家地质学会 Royal Geographical Society

皇家化学学会 Royal Chemical Society

皇家科学研究所 Royal Institution

皇家天文学会 Royal Astronomical Society

皇家显微学会 Royal Microscopical Society

皇家艺术学院 Royal Academy (of Arts)

林奈学会 Linnaean Society

蒙特摩学院 Académie Montmor

牛津大学 Oxford, University of

牛津实验哲学社团 Oxford Experimental Philosophical Club

牛津哲学俱乐部 Oxford Philosophical Club

所罗门宫 Solomon's House

无形学院 the invisible college

里程碑文库

The Landmark Library

　　"里程碑文库"是由英国知名独立出版社宙斯之首（Head of Zeus）于2014年发起的大型出版项目，邀请全球人文社科领域的顶尖学者创作，撷取人类文明长河中的一项项不朽成就，以"大家小书"的形式，深挖其背后的社会、人文、历史背景，并串联起影响、造就其里程碑地位的人物与事件。

　　2018年，中国新生代出版品牌"未读"（UnRead）成为该项目的"东方合伙人"。除独家全系引进外，"未读"还与亚洲知名出版机构、中国国内原创作者合作，策划出版了一系列东方文明主题的图书加入文库，并同时向海外推广，使"里程碑文库"更具全球视野，成为一个真正意义上的开放互动性出版项目。

　　在打造这套文库的过程中，我们刻意打破了时空的限制，把古今中外不同领域、不同方向、不同主题的图书放到了一起。在兼顾知识性与趣味性的同时，也为喜欢此类图书的读者提供了一份"按图索骥"的指南。

　　作为读者，你可以把每一本书看作一个人类文明之旅的坐标点，每一个目的地，都有一位博学多才的讲述者在等你一起畅谈。

　　如果你愿意，也可以将它们视为被打乱的拼图。随着每一辑新书的推出，你将获得越来越多的拼图块，最终根据自身的阅读喜好，拼合出一幅完全属于自己的知识版图。

　　我们也很希望获得来自你的兴趣主题的建议，说不定它们正在或将在我们的出版计划之中。

里程碑文库编委会